唐永晨 主编

机器人

竞技世界

（小学六年级）

U0205908

西南交通大学出版社

·成 都·

图书在版编目（ＣＩＰ）数据

机器人. 竞技世界：小学六年级 / 唐永晨主编. —
成都：西南交通大学出版社，2021.11
（新一代人工智能 2030：机器人科普系列丛书）
ISBN 978-7-5643-8391-6

Ⅰ. ①机… Ⅱ. ①唐… Ⅲ. ①机器人 – 少儿读物
Ⅳ. ①TP242-49

中国版本图书馆 CIP 数据核字（2021）第 232661 号

新一代人工智能 2030——机器人科普系列丛书
Jiqiren—Jingji Shijie　Xiaoxue Liu Nianji
机器人——竞技世界（小学六年级）

唐永晨 / 主　编

责任编辑 / 何明飞
封面设计 / 原谋书装

西南交通大学出版社出版发行
（四川省成都市金牛区二环路北一段 111 号西南交通大学创新大厦 21 楼　610031）
发行部电话：028-87600564　028-87600533
网址：http://www.xnjdcbs.com
印刷：四川煤田地质制图印刷厂

成品尺寸　185 mm×260 mm
印张　10.25　字数　141 千
版次　2021 年 11 月第 1 版　　印次　2021 年 11 月第 1 次

书号　ISBN 978-7-5643-8391-6
定价　46.00 元

编委会

主　编　唐永晨

副主编　葛鼎新　陈国忠　柳延领　李　杰　田玉珠

编　委（以拼音为序）

　　　　董　浩　郝晶晶　毛华铮　单彦博　孙树建　张文娟

插　图　张　媛　等

"人才"是科技的第一原动力。人才潜力的激发，是创造新事物的催化剂。随着信息智能化的不断发展，智能机器人逐步进入人们的视野，也编织着人们对未来世界的梦想。

本书是面向中小学生，以机器人应用科普为目的，基于智能履带车和多自由度机械臂，包括机械的设计组装、传感器感知检测、编程控制、物联网远程控制和实际操作等相关技术的一本综合性机器人科普教材。

本书共分为16课，3部分：智能履带车控制、多自由度机械臂控制和车臂整合之后的场地任务，利用情景式引入法，将生活中存在的使用智能履带车和机械臂的场景展现给学生。在不断实践的过程中，学习传感器和舵机的使用方式，学会编程基本语句和算法结构，并结合学具制作具有实际功能及意义的履带车和机械臂，最后将两者整合，完成场地功能任务，如货物抓取、颜色识别等。整个过程寓教于乐，学以致用。

书中通过"拓展提高"引申每节课的功能任务，让学有余力的同学提高思维层次；通过"拓展小知识"引申每节课的知识点，扩展学生的眼界；通过"课程评价"让学生对自己在本课程中学到的内容进行总结。本书努力做到由简到繁、深入浅出，让孩子们在快乐中感受机器人课程的魅力。同时，在学习中培养孩子发现问题、搜索答案、思考应用、分析组成、设计创造的能力。学生一旦掌握了这些知识，在今后的学习和生活中便会有更深刻的理解和更大的收获，并为自身的发展打下良好的基础，成为未来科技的栋梁，也能为社会及科技的发展做出不可估量的贡献。

接下来，孩子们将会跟随小新和小禾的脚步，一起去探索机器人的奥秘，步入奇妙的科技殿堂。

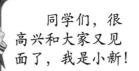

同学们，很高兴和大家又见面了，我是小新！

同学们还记得我吗？
我是小禾，这个学期，我将和小新一起带领大家继续探索机器人的世界。

目录

01 初识控制器 · · · · · · · · · · · · · · · · · · · 1

02 车体自动控制 · · · · · · · · · · · · · · · · · 10

03 红外跟随 · 19

04 超声波避让 · · · · · · · · · · · · · · · · · · · 28

05 循迹小车 · 37

06 入侵警报 · 46

07 Wi-Fi远程控制 · · · · · · · · · · · · · · · 56

08 履带车综合场地任务 · · · · · · · · · · 66

09 驱动机械臂 · · · · · · · · · · · · · · · · · · · 76

10 示教抓取 · 87

11 颜色识别 · 98

12 识别码垛 · 109

13 手柄控制 · 117

14 车臂整合 · 130

15 机械臂履带车场地任务 · · · · · · · · · · · · · 141

16 自由创作 · 149

17 附录 · 151

01 初识控制器

同学们，你们知道Arduino是什么吗？

定义

　　Arduino：全球经典的开源电子原型平台，拥有灵活易用、种类丰富的硬件和软件，涉及电子技术、传感技术和编程控制技术等多个领域。

UNO：基础款，适用于初学者

MEGA：功能强大，管脚众多

DUE：第一框基于32位ARM
微控制器Arduino板

Arduino硬件家族

NANO：体积小巧，多
用于穿戴设备

Esplora：多用于计算机外设，
如鼠标、游戏手柄、摇杆

Lilypad：最具艺术感的控制
器，多用于服饰上

小知识

了不起的开源精神

　　追溯电子发展史，开源软件与开源硬件起到了举足轻重的作用。所谓开源，指的是开放应用软件的源代码，控制板或芯片的电路图纸，方便更多的开发者学习、使用、完善和创新。在软件领域，最著名的就是Linux和Android，前者用在很多PC(个人计算机)上，后者是目前十分流行的移动端操作系统；在开源硬件领域，Arduino的诞生是开源硬件发展史上的一个新的里程碑,很多基于此硬件的设备不断出现，也成为科技与人文领域很火的开发工具。这种将知识分享出去的精神值得我们学习。

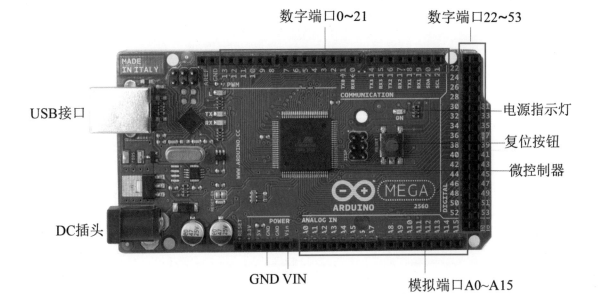

数字端口0~21　　　　　　数字端口22~53

USB接口

电源指示灯
复位按钮
微控制器

DC插头

GND VIN

模拟端口A0~A15

Arduino Mega控制板主要部件

Arduino Mega控制板

上图标示出了Arduino Mega的主要部件名称。

微控制器：ATmega2560，有着处理指令、执行操作、控制时间、处理数据四大作用。

数字端口：管脚编号0~53,可以连接数字量输入输出设备和传感器。

·作为输出管脚时：将微控制器的控制、运算结果以数字量形式输出。

·作为输入管脚时：外界设备信号以数字量的形式提供给微控制器。

·作为PWM[①]功能管脚时：只有1~13,44~46管脚具备此功能。

·0（RX）、1（TX）管脚：连接微处理器，与计算机进行数据传输，在与计算机通信时，不要插接任何设备，否则会上传失败。

模拟端口：管脚编号A0~A15,可以连接模拟量输入设备和传感器。

USB接口：采用USB2.0 Type-B类型接口，连接数据线后与计算机进行通信。

DC插头：通过此方法为Arduino供电时，直流电源电压为9~12 V。

VIN和GND：通过此方法为Arduino供电时，连接VIN管脚和GND管脚，需要给这两个管脚提供稳压过后的5 V直流电。

① PWM：脉宽调制技术，在第18页详解。

在自然界中，用于定量描述物理现象或物理对象的概念称为物理量，它由数字和单位联合表达，如7m、10s、5kg、32℃等。

模拟量：能随着时间连续变化的物理量，如温度，如下图（左）所示。因为在任何情况下被测温度都不可能发生突跳，在连续变化过程中的任何一个取值都有具体的物理意义，即表示一个相应的温度。

数字量：不能随时间连续变化的物理量，也称作开关量，如下图（右）所示。灯的开关在电路中只存在导通（1）和断开（0）两种状态，不存在既开又关的状态。

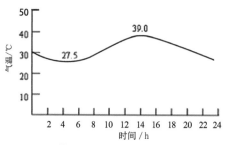

模拟量：温度随时间变化

(a) 导通（1）　　(b) 断开（0）

数字量：灯的开关导通与断开

思考·Consider
应用·Application

同学们，思考一下，Arduino控制器和什么设备配合使用，才能实现各种控制功能呢？

电路

相当于人的神经网络
用于在一定标准下传递信号

控制器

相当于人类的大脑
用于计算和控制

执行机构

相当于人体的手、脚
用于控制指令的执行

传感器

相当于人类的感觉器
用于检测外部信息，并传递给控制器

Arduino 控制组成

一个完整的Arduino创客项目，通常包含模型结构、硬件连接和软件编程三大组成部分，下面重点介绍编程软件。

编程环境

Mixly（米思齐）是专为编程初学者设计的一款图形化编程软件，如下图所示。用户可以通过拼接积木块的方式来编写程序。软件免费开源，并支持多种运行环境。目前，Mixly已经支持Arduino、Micropython、Python等编程语言。

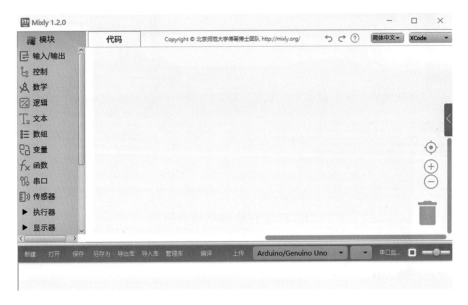

Mixly编程软件界面

软件获取

软件下载请登录http://www.shinhtech.com/，进入网址，点击标题栏的"机器人培训教育"下的"青少年培训"，在"资料下载"下的"软件下载"中选择对应系统的软件版本。本软件为免安装文件，下载的软件为压缩文件，将其解压到指定位置即可。解压好后打开名为"Mixly.exe"的图标即可运行程序。

Mixly的主界面由模块选择区、程序构建区、代码程序区、系统功能区和消息提示区构成。通过该界面，用户可以完成程序的编写、上传、保存、代码查看等全部工作，如下图所示。

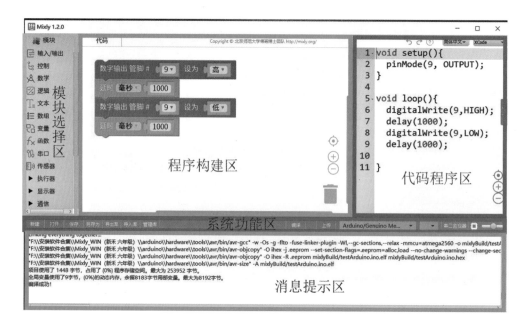

Mixly编程软件功能分区

小禾，这么多的功能模块都是什么含义呢？要怎么使用呢？

不要着急，我已经把常用的模块功能介绍放在二维码里了，快去看看吧！

常用模块
功能介绍

为了让学生快速熟悉Arduino的编程方法，下面以"闪烁Arduino板载小灯"为例，讲解程序编写、程序保存和编译、程序上传的一般流程：

程序编写

程序分析：数字量13号管脚连接板载LED，13号管脚输出高电平时，小灯点亮并延时1 s；输出低电平时，小灯熄灭并保持1 s。由于Arduino的主程序写在"loop"（循环）中，所以板载LED灯不断闪烁。

在左边模块选择区，打开"输入／输出"→"数字输出"，把模块拖动到程序构建区，点击管脚后的下拉列表框，修改管脚编号为13，设为高电平。

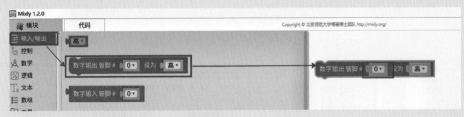

然后打开"控制"→"延时"，把模块拖动到程序构建区,将程序拼合在一起，完成板载LED的点亮。

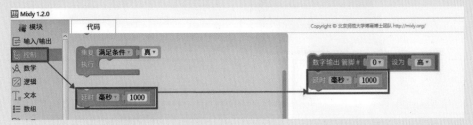

重复上述步骤，修改管脚编号为13，设为低电平，完成板载LED的熄灭。完整程序如下：

程序保存和编译

  点击保存按钮，文件路径中不可包含空格。点击编译①按钮，若编写的程序没有语法错误，片刻后将在消息提示区提示"编译成功"。若提示"编译失败"，请检查程序语句模块是否拼接正确，修正后再次尝试编译。

程序上传

  将计算机与Arduino控制板相连，如下图（左），打开计算机的设备管理器，查看到Arduino对应的端口编号，如下图（右）所示。将Mixly中的端口号选择此编号，控制板型号选择"Arduino Mega"，点击上传按钮，片刻后会提示"上传成功!"，如下图所示。如果提示"上传失败!"，应检查控制板型号和端口号是否正确、控制板驱动②是否安装成功。若无上述问题仍上传失败，应考虑硬件故障，更换控制板。

计算机与Arduino Mega的连接　　查看Arduino Mega的串口编号

程序上传方法

观察程序上传结果

  此时可以看到Arduino控制板上的板载LED灯闪烁。

---

① 编译：检查编写的程序是否符合语法规则，并且将程序转化成Arduino控制板能识别的目标文件。
② 驱动：一种可以使计算机和设备进行相互通信的特殊程序。安装方法本课稍后讲解。

故障处理

小禾，我手里的控制板插在计算机上不能用，是坏了吗？

小新，计算机无法识别Arduino控制板的原因除了硬件故障，还有可能是驱动没有正确安装。

判断驱动故障

　　用USB线将控制板与计算机连接。打开计算机控制面板，查看方式选为图标，找到"设备管理器"并打开。若"其他设备"中出现"USB2.0-Serial"，则表示驱动没有正确安装。

安装驱动程序

　　首先，确保计算机已接入互联网。鼠标右键点击"USB2.0-Serial"，在弹出的菜单中单击"更新驱动程序"。

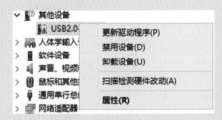

　　其次，在弹出的对话框中选择"自动搜索更新的驱动程序软件（S）"。等待一段时间，驱动程序就安装好了。
　　再次，打开设备管理器，可以看到"端口（COM和LPT）"中出现了新安装的设备名称，表示Arduino设备驱动安装成功。

02 车体自动控制

同学们，你们对电机有了解吗？

定义

　　直流电动机（简称直流电机）：采用直流电源供电，将电能转换成机械能的电机①，如下图所示，在电路图中用字母"M"表示。

直流电动机

小知识

　　电荷与电流：电荷是物质的一种物理性质。当摩擦过的物体具有吸引轻小物体（如纸屑、毛发）的性质时，就说物体带了电。电荷有正、负两种，用玻璃棒摩擦丝绸可以产生正电荷，如下图（左）所示，用橡胶棒摩擦毛皮可以产生负电荷。电荷在电路中沿着一定方向移动就形成电流。在物理学中，人们将正电荷的移动方向定义为电流的正方向，如下图（右）所示。

　　直流电：方向和大小保持不变的电流，如干电池所提供的电流。

　　交流电：方向和大小随时间做周期性变化的电流，如日常生活中墙壁插座提供的电流。

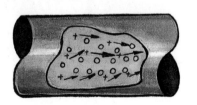

玻璃棒摩擦丝绸产生正电荷后吸引纸屑　　　正电荷移动的方向是电流正方向

---

① 电机：运用"电生磁"原理将电能转换为功的装置。详情请参阅本系列丛书小学三年级教材第12页。本课所使用的电机型号是XD-37GB520，采用直流12V供电。

　　直流电机主要由定子、转子、电刷与换向器、转轴4部分组成，如下图所示。

　　定子：与电机外壳相连，定子上有固定的永磁铁，提供磁场。

　　转子：由多匝铜线绕成线圈(即电枢绕组)，是直流电机实现机-电能量转换的关键部件。

　　电刷与换向器：两个相互绝缘的半圆形铜片组成换向器，它与电刷配合使用，接通外部供电电流并将电流传递给转子。

　　转轴：对外输出转矩的装置。

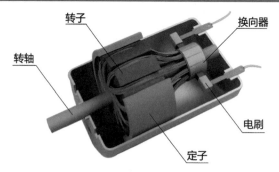

直流电机结构示意图

　　通电导体在磁场中受到力的作用，这种力被称为电磁力。简单来讲，直流电机转子由铜线圈缠绕而成，当转子通电之后，就会在磁场中受到电磁力的作用，发生旋转，如下图所示。与转子相连接的转轴也随之转动，对外输出转矩。这就是直流电机的工作原理。

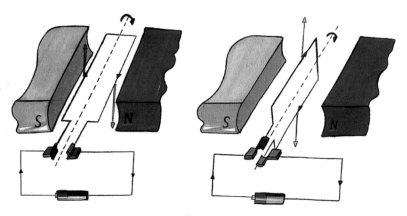

直流电机工作原理

同学们，想一想，在我们日常生活中，什么时候会用到直流电机呢？

充电电扇

充电汽车

 分析・Analyze
　　组成・Components

同学们，请分析一下，履带车的驱动单元主要是由哪些部分组成的。

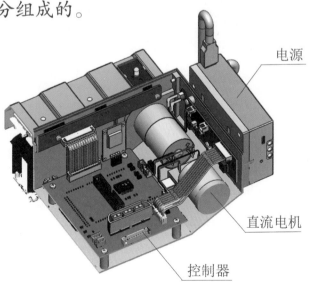

电源

直流电机

控制器

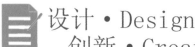

同学们，让我们一起动手利用今天所学的知识让履带车跑起来吧！

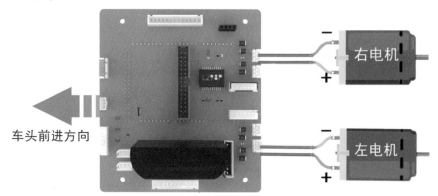

车头前进方向

履带车驱动部分①接线图

注：本书以履带车车头前进的方向为正方向区分左右电机。

履带车前进、后退

为了简化程序，我们采用自定义函数②的方法编写程序。在左侧模块工具栏的 f_x 函数 中找到 并拖入右侧编程区，设置函数名为"前进"。用同样的方法自定义"后退"函数，然后编写函数体。

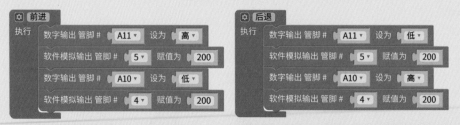

引脚号	功能解释
5号	控制左电机的速度。最低速赋值0（停止），最高速赋值为255
A11号	控制左电机的旋转方向，高电平逆时针转动，低电平顺时针转动
4号	控制右电机的速度。最低速赋值0（停止），最高速赋值为255
A10号	控制右电机的旋转方向，高电平逆时针转动，低电平顺时针转动

特别注意：在编程调试过程中，需要把履带车放置在承托盒上，避免履带车乱跑。

---

① 驱动部分：履带车驱动部分接线之前，需要把电池盒电源关闭，等程序烧写到控制板之后，再打开进行调试。

② 函数：由返回类型、参数、函数名和函数体组成。常将一些常用的函数功能模块编写成函数。善于利用函数，可减少重复编写程序段的工作量。详情请参阅本系列丛书小学四年级教材第69页。

让履带车前进5 s后停止

履带车具备前进和后退功能之后，需要让履带车停止，在左侧模块工具栏的 **fx 函数** 中找到 **procedure 执行** 并拖入右侧编程区，设置函数名为"停止"，然后编写函数体：

> **⚙ 停止**
> 执行　软件模拟输出 管脚 # 5▾ 赋值为 0
> 　　　软件模拟输出 管脚 # 4▾ 赋值为 0

设置完前进、后退和停止函数后，需要在主程序中调用它们。在 **fx 函数** 中找到刚才自定义的 **执行 前进** 函数，拖入右侧编程区，然后在 **🎮 控制** 中找到 **延时 毫秒▾ 1000** 并拖入右侧编辑区，设置延迟时间为5000 ms，在 **fx 函数** 中找到 **执行 停止** 函数，拖入右侧编辑区。由于Arduino的主程序会不断循环执行，最后还要加入停止程序模块 **停止程序** 。主函数如下所示：

> 执行 前进
> 延时 毫秒▾ 5000
> 执行 停止
> 停止程序

这样就完成了让履带车前进5 s后停止的功能，用同样的方法可以让履带车后退一段时间后停止。

让履带车转弯

本实验中，通过让履带车一侧电机正转，另一侧电机反转的方法实现转弯功能。与自定义前进、后退函数的方法一致，构造出"右转"函数：在左侧模块工具栏的 **fx 函数** 中找到 **procedure 执行** 并拖入右侧编程区，设置函数名为"右转"，用同样的方法可以自定义"左转"函数，然后编写函数体。

> **⚙ 左转**
> 执行　数字输出 管脚 # A11▾ 设为 低
> 　　　软件模拟输出 管脚 # 5▾ 赋值为 200
> 　　　数字输出 管脚 # A10▾ 设为 低
> 　　　软件模拟输出 管脚 # 4▾ 赋值为 200

> **⚙ 右转**
> 执行　数字输出 管脚 # A11▾ 设为 高
> 　　　软件模拟输出 管脚 # 5▾ 赋值为 200
> 　　　数字输出 管脚 # A10▾ 设为 高
> 　　　软件模拟输出 管脚 # 4▾ 赋值为 200

让履带车转弯

设置完左转、右转函数后，需要在主程序中调用。在 f_x 函数 中找到刚才自定义的 执行 左转 函数，拖入右侧编程区，然后在 🎮 控制 中找到 延时 毫秒 1000 并拖入右侧编辑区，设置延迟时间为 2000 ms，最后的主函数如下所示：

这样就完成了让履带车左转后停止的功能，用同样方法也可以让履带车右转。

小知识

差速转向的原理

　　履带车是采用两侧履带行进的速度差来实现转向的。车辆在拐弯时的轨迹是圆弧，如果履带车向右转弯，圆弧的中心点在右侧，在相同的时间里，左侧履带走的弧线比右侧长，为了平衡这个差异，就要使右边电机转慢一点，左边电机转快一点，用不同的转速来弥补距离的差异。如果要在原地"掉头"，只要让一侧的电机前进，另一侧的电机后退，产生的动力就可以带动履带车在原地转向了。

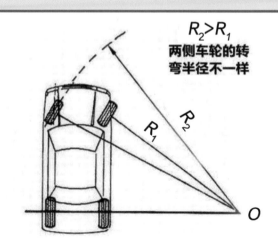

拓展·Expansion
提高·Improve

　　同学们，请开拓你们的思维，想一想，改变转弯的角度要怎么做呢？把你的想法和同学交流一下吧！

自我评价
Self-evaluation

认识：

收获：

拓展小知识：履带车调速之谜

履带车是怎么调速的呢？

它利用了脉宽调制技术（PWM），可以改变输出电压的平均值。输出电压变化了，车速就变化了。

在一个时间周期内，通电时间相对周期时间所占的比例，称为占空比。占空比50％指的是在一个时间周期内，一半时间有电，一半时间没电。此时，平均对外输出电压是5 V×50％=2.5 V。

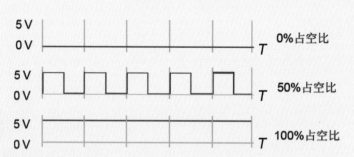

不同占空比下，电压与时间周期关系示意图

PWM的程序编写方法

Arduino Mega控制板的1~13号引脚具有PWM功能，可以通过拖拽 软件模拟输出 管脚# 0▾ 赋值为 0 模块使用此功能。引脚的赋值范围是0~255，对应占空比为0%~100%。在本课中，0对应履带车静止，255对应履带车的最高速度。

18

03 红外跟随

小禾，你看这个小车好像刚出生的小鸭子，跟着前面的圆球走！

好玩吧，这是履带车的跟随功能，是利用红外测距传感器①实现的。

什么是红外测距传感器①？

让我们一起学习一下吧！

同学们，你们对红外测距传感器和红外跟随技术有了解吗？

---

① 传感器：将各种非电量（如距离、浓度、光照强度等）按照一定规律，转换成便于计算机系统处理和传输的电量（如电流、电压等）的装置。

19

定义

红外测距传感器：利用红外线进行距离测量的装置，具有测量范围广、响应时间短的特点。

红外测距传感器

小知识

光与红外线：光[①]是自然界中最常见的现象，比如太阳光。其实太阳光是一种复合光，它是由红、橙、黄、绿、青、蓝、紫七种不同颜色的光混合而成的，这些光是可以被人眼感知的，称为可见光。在人眼的感知之外，有一些不能被人类视觉细胞所感知的光，统称为不可见光。

红外线指的是在光谱上位于红色光的外侧，波长 $0.75 \sim 1000 \mu m$[②] 的光，它具有热作用强和穿透云雾能力强的特点，属于不可见光。

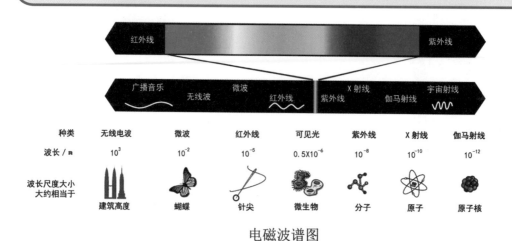

电磁波谱图

---

① 光：此处描述的光是广义的光，指的是所有的电磁波谱，还有另外一种狭义上光的定义，单指人眼可看见的电磁波，即可见光。

② μm（微米）：长度单位，1 μm = 0.001 mm。

红外测距传感器[1]由红外发射器、红外检测器和接线端子三大部分组成，使用时需要供给5 V直流电。

红外发射器：能按照一定角度发射红外光束。

红外检测器：内置滤镜和感光元件，用于接收反射回来的红外线。

接线端子：用于连接电源和对外传递距离信息。

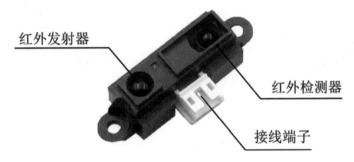

红外测距传感器结构示意图

红外测距传感器的工作原理

红外测距传感器依据三角测量原理进行物体距离测量。红外发射器按照一定的角度发射红外光束，当遇到物体以后，光束会反射回来。反射回来的红外光线被红外检测器（CCD）接收到以后，会得到一个偏移值L[2]，这个值是随着被测物体到检测器的距离而变化的。利用三角关系，在知道了发射角度α、偏移值L、中心距X和滤镜焦距f后，传感器到物体的距离D就可以通过几何关系计算出来了。

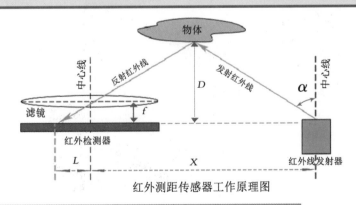

红外测距传感器工作原理图

---

① 红外测距传感器：本课中所使用的红外测距传感器是SHARP（夏普）公司生产的GP2Y0A21型产品。

② 偏移值L：红外检测器是长条形结构，接收到的红外线的具体位置并不在检测器中央，接收位置和检测器中央位置之间的距离称为偏移值。

思考・Consider
应用・Application

同学们，想一想，在我们日常生活中，什么时候会用到红外测距传感器呢？

扫地机器人

无人机

分析・Analyze
组成・Components

同学们，请分析一下，履带车的测距部分主要是由哪些部分组成的。

红外测距传感器

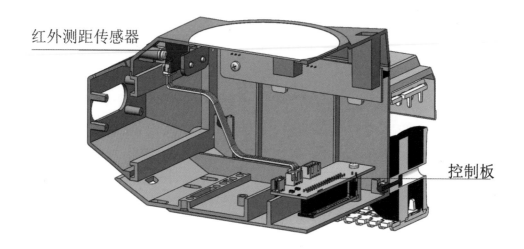

控制板

设计 · Design
创新 · Creation

同学们，让我们一起动手连接上红外测距传感器进行测距吧！

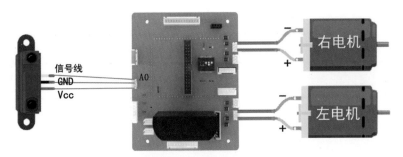

履带车测距部分接线图

查看红外测距传感器返回值

　　红外测距传感器是模拟量传感器，可以通过串口①监视器②查看传感器返回值，具体做法如下：在左侧模块工具栏的 🎮 控制 中找到 初始化 和 延时 毫秒▼ 1000 ，在 🖊 串口 中找到 Serial▼ 波特率 9600 和 Serial▼ 打印 自动换行 ，在 🔁 输入/输出 中找到 模拟输入 管脚# A0▼ ，以上模块均拖入右侧编程区，并修改模拟输入管脚为A0。完整程序示例如下：

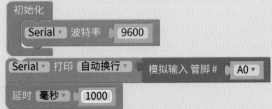

　　程序解释：使用串口监视器查看传感器返回值之前，需要设置串口波特率。简而言之，串口波特率就像是人说话时的语速一样，它规定了Arduino和计算机之间信息数据传输的速度。波特率9600表示的就是每秒传输9600比特③（bit）的数据。由于数据传输速度只需要在程序开始前设置好并且只运行一次，所以要放在初始化④内进行。通过串口监视器打印出控制板接收到的A0管脚返回值，并且每隔1s打印一次，打印之后自动换行。

---

① 串口：进行串行通信的接口。串行通信是Arduino与计算机之间最常用的通信方式，其数据一位一位地顺序传送。在Arduino控制板中利用USB接口通过转换芯片连接数字接口的0（RX）和1（TX）的两个引脚。
② 串口监视器：计算机与Arduino通信的内容会通过监视器显示出来，类似聊天软件的对话框。
③ 比特：计算机中信息量的最小单位，简称b。8 bit=1 B，1024 B=1 KB。
④ 初始化：执行主程序运行前的准备工作，只在程序开始时执行一次，详情请参阅本系列丛书小学四年级教材第41页。

将红外测距程序上传之后，点击系统功能区的串口监视器按钮，在弹出的对话框中可以查看到红外距离传感器的返回值。返回值以0~1023的数字显示，对应不同的测量距离。利用红外测距传感器，将测量的返回值填入表格内。

测量距离	10 cm	20 cm	40 cm	80 cm
返回值				

红外测距传感器的输出曲线

红外测距传感器将测量的距离值以电压信号向外传递，距离和电压之间的关系曲线被称为输出曲线。从下图中可以看到，这个曲线分为两个阶段：

传感器距离被测物体0~7 cm：输出电压值随着距离的增大而变大。

传感器距离被测物体7~80 cm：输出电压值随着距离的增大而减小。

图中对于超过80 cm以上的距离没有给出输出曲线，说明80 cm以上的距离超出了传感器的测量范围，不能测量了。

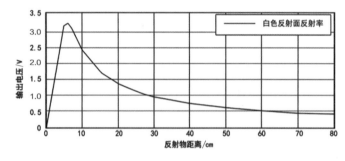

通过串口监视器查看红外测距传感器返回值

程序流程图：通过对输入输出数据和处理过程的详细分析，将计算机的主要运行步骤和内容，用统一规定的标准符号，表示各项操作或判断的图示，是算法①的图形化表示。

	起止框	表示一个算法的开始或结束		判断框	判断条件是否成立
	输入/输出框	表示外界输入或输出的信息		流程线	连接程序框
	执行框	表示赋值、计算等指令步骤		连接点	连接两个程序框图

常用流程图例

①算法：简单来讲，每当想做一件事（目的）时，我们都会思考该怎么做（方法），可以实现目的的程序方法就是算法。

顺序结构：算法中最基本的结构。它表示按照排列好的顺序逐一执行指令。

选择结构：表示根据条件来决定是否执行。通常会有两个执行内容，必须选择其中一个执行。

循环结构：确定好要重复执行的内容（循环体），只要满足判断条件，就一直重复执行。

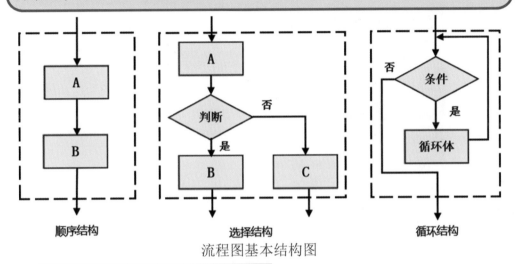

顺序结构　　　　　选择结构　　　　　循环结构

流程图基本结构图

红外跟随功能与流程图

　　履带车的红外跟随功能是利用履带车与前方物体的距离变化关系实现的。即距离小于20cm时，履带车后退；距离大于40cm时，履带车前进；距离为20~40cm时，履带车原地停止。

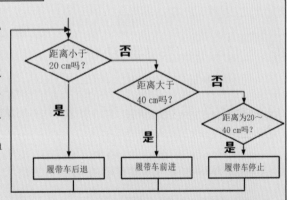

　　在左侧模块工具栏的 ◁ **变量** 中找到 `声明 全局变量▼ item 为 整数▼ 并赋值`，并拖到右侧编程区，设置变量①名为"距离返回值"，声明②变量"距离返回值"为"整数"，并赋值为模拟输入管脚A0的返回值。为防止电机的运动模式由于距离变化而发生频繁切换，需要在每种运动模式之后增加20 ms的延时，以保障电机安全。

---

① 变量：在程序中可以改变值的量。详情请参阅本系列丛书小学四年级教材第42页。
② 声明：当一个计算机程序需要调用内存空间时，对内存发出的"占位"指令，称为"声明"。详情请参阅本系列丛书小学四年级教材第42页。

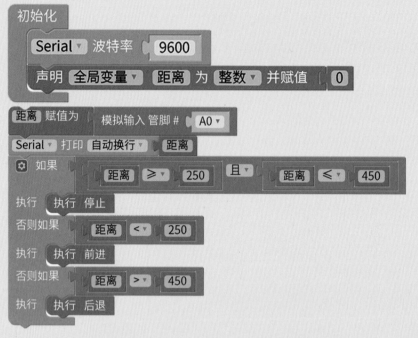

履带车红外跟随参考程序

初始化
　Serial▼ 波特率 9600
　声明 全局变量▼ 距离 为 整数▼ 并赋值 0

距离 赋值为　模拟输入 管脚# A0▼
Serial▼ 打印 自动换行▼ 距离
⚙ 如果 　距离 ≥▼ 250 　且▼ 距离 ≤▼ 450
执行　执行 停止
否则如果　距离 <▼ 250
执行　执行 前进
否则如果　距离 >▼ 450
执行　执行 后退

注1：程序中的前进、后退和停止函数与第2课中的相同。
注2：图中250、450为传感器返回值，与实际距离成反比例关系，即大于450时，说明障碍物与传感器距离小于20 cm了。

拓展·Expansion
提高·Improve

　　同学们，请开拓你们的思维，试一试，如果被追随的物体是黑色的会有什么影响呢，把你的想法和同学交流一下吧！

自我评价
Self-evaluation

认识：_____

_____

收获：_____

_____

数据与数据传输

　　在计算机系统中，数据以二进制信息单元0、1的形式表示。每个0或1就是一个位（bit），位是数据存储的最小单位。其中8 bit就称为一个字节（Byte）。Arduino Mega控制板内，中央处理器处理数据的最大位数是8位。

　　数据传输是数据从一个地方传送到另一个地方的通信过程。按数据传输的顺序可以分为并行传输和串行传输。

　　并行传输：将数据以成组的方式在两条以上的信息传输通道上同时传送。优点是速度快，缺点是容易彼此干扰。

　　串行传输：将数据一位一位地在一条信息传输通道上顺序传送。优点是正确率高、稳定性好，缺点是速度稍慢。

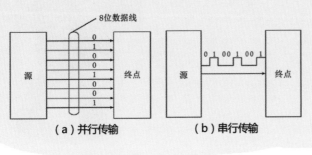

（a）并行传输　　　　（b）串行传输

拓展小知识

04 超声波避让

哇……这台小车好厉害，可以自动绕过障碍物哟。

看见它前面的"大眼睛"了吗？它就是靠这个超声波传感器实现避障的！

超声波传感器是什么东西？小车是怎么避障的呢？

让我们一起探索一下吧！

同学们，你们对超声波避障系统有了解吗？

> **定义**

超声波传感器① ：将超声波信号转换成其他能量信号（通常是电信号）的传感器，通常用于距离测量和探伤。

超声波传感器

> **小知识**

声波与超声波

声音是由物体振动产生的，其本质是一种压力波②，这种压力波被称为声波。声波在空气中的传播速度受温度和气压的影响，在一个标准大气压下15 ℃时，声速为340 m/s。物体每秒钟振动的次数称为频率，单位是赫兹（Hz）。振动频率为20～20 000 Hz的声音可以被人类听到，低于20 Hz的声音叫作次声波，高于20 000 Hz的声音叫作超声波。超声波具有方向性好、反射能力强的特点，可用在测距、清洗、医疗等方面。

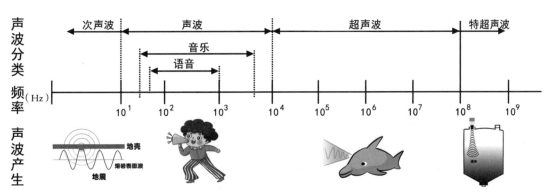

声波频率图谱

---

①超声波传感器：本课所使用的超声波传感器型号是HC-CR04，采用直流5 V供电，测量范围2~400 cm。
②压力波：气体与固体不同，很容易被压缩，当波在气体中激起压力变动时。气体的密度将产生与压力相同形式的变动，这种波被称为压力波。详细介绍请参阅本系列丛书小学四年级教材第32页。

超声波传感器的结构

超声波传感器主要由超声波发射端、接收端和接线端子组成。

发射端： 由片状的压电晶体组成，这种材料在接收变化的电压时，可以产生变形（电致伸缩效应），引发高频振动，进而产生超声波。

接收端： 用于接收由障碍物反射回来的超声波。

接线端子： 用于连接电源和对外传递距离信息。

超声波发射端　　　　　　　超声波接收端

接线端子

超声波传感器结构示意图

超声波传感器的工作原理

超声波传感器用于距离测量时，利用距离公式"距离=速度×时间"进行测量。在传感器内部有一计时器，当发射超声波时开始计时，在接收端接收到返回的超声波信号时停止计时。

由于超声波发出后遇到障碍物返回经历了往返的路程，所以实际的测距公式为：s（距离）$= 340\,\text{m/s}$（声速）$\times t$（时间）$\div 2$

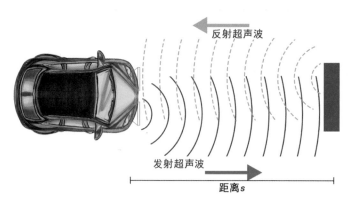

反射超声波

发射超声波

距离s

超声波传感器的工作原理

同学们，想一想，在我们日常生活中，什么时候用到了超声波传感器呢？

倒车雷达   B超

同学们，请分析一下，履带车的超声避让组件主要是由哪些部分组成的。

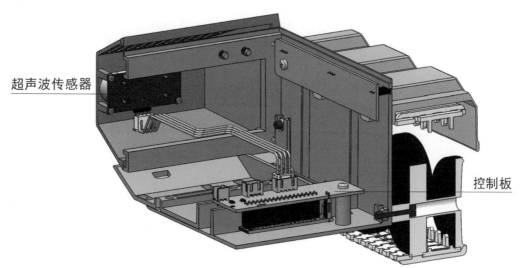

超声波传感器   控制板

31

设计 · Design
创新 · Creation

同学们，让我们一起动手利用今天所学知识让履带车躲避障碍吧！

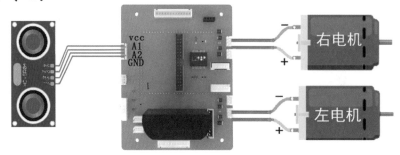

履带车超声避障接线图

查看超声波传感器的返回值

超声波传感器可以通过串口监视器查看传感器返回值。在左侧 🔊 传感器 中找到 超声波测距(cm) Trig# 0 Echo# 0 ，拖入右侧编程区，将"Trig"管脚号修改为"A1"，"Echo"管脚号修改为"A2"，然后在初始化中设置串口波特率为"9600"，然后通过串口（自动换行）打印出来。完整程序示例如下：

程序解释

在Arduino Mega中，模拟量端口与微控制器之间有一个10位的ADC（模拟–数字转换器），所以模拟端口可以进行数字量输入输出使用，但是数字量端口均不可当作模拟量输入来用，只有带PWM功能的管脚可以当作模拟输出用。

在超声波传感器中，"Trig"表示触发控制信号输入，即控制器给传感器一个触发信号，超声波传感器开始发送超声波。"Echo"表示回响信号输出，即传感器将接收到的超声波信号转化为电信号输出给控制器。

查看超声波测距传感器的返回值

将程序上传之后，点击系统功能区的串口监视器按钮，在弹出的对话框中可以查看到超声波传感器的返回值。返回值以厘米（cm）为单位显示前方障碍物到传感器之间的距离，测量精度达到毫米（mm）级。

通过串口监视器查看超声波传感器返回值

超声避让功能与流程图

履带车的超声避让功能是利用履带车与前方障碍物距离关系实现的。即：当履带车前方没有障碍物时，履带车正常前进；当车载的超声波传感器检测到前方障碍物距离小于25cm时，履带车后退避免相撞，然后履带车向左转弯。

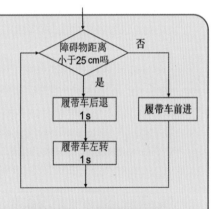

在左侧模块工具栏的 ⊕ 变量中找到 声明 全局变量 ▼ item 为 整数 ▼ 并赋值 ◀ ，并拖到右侧编程区，设置变量名为"item"，声明变量item为整数，并赋值[①]为"0"。为防止电机的运动模式由于距离变化而发生频繁切换，需要在每种运动模式之后增加延时，以保障电机安全。

由于履带车在避障的过程中需要进行转弯操作，所以将车速降低，以免转弯时发生侧翻事故。可通过减小模拟量4号和5号的赋值实现降速。

---

① 赋值：将确定的数字、字符串或表达式赋给变量的过程。通常在变量声明的同时应赋予初始值。

履带车超声波避障示意图

超声波避障参考程序

⚙ 前进
执行　数字输出 管脚 # [A11▾] 设为 [高▾]
　　　软件模拟输出 管脚 # [5▾] 赋值为 [150]
　　　数字输出 管脚 # [A10▾] 设为 [低▾]
　　　软件模拟输出 管脚 # [4▾] 赋值为 [150]

⚙ 左转
执行　数字输出 管脚 # [A11▾] 设为 [低▾]
　　　软件模拟输出 管脚 # [5▾] 赋值为 [150]
　　　数字输出 管脚 # [A10▾] 设为 [低▾]
　　　软件模拟输出 管脚 # [4▾] 赋值为 [150]

⚙ 后退
执行　数字输出 管脚 # [A11▾] 设为 [低▾]
　　　软件模拟输出 管脚 # [5▾] 赋值为 [150]
　　　数字输出 管脚 # [A10▾] 设为 [高▾]
　　　软件模拟输出 管脚 # [4▾] 赋值为 [150]

初始化
　Serial▾ 波特率 [9600]
　声明 [全局变量▾] 距离 为 [整数▾] 并赋值 [0]

超声波传感器Trig接入A1,Echo接入A2,PWM调制中速,
转弯时设置左侧电机后退，右侧电机前进

距离 赋值为 超声波测距(cm) Trig# [A1▾] Echo# [A2▾]
Serial▾ 打印 自动换行▾ [距离]
⚙ 如果　　[距离] [≤▾] [25]
执行　执行 后退
　　　延时 毫秒▾ [1000]
　　　执行 左转
　　　延时 毫秒▾ [1000]
否则　执行 前进

　　程序中 ❓ 符号表示此处有注释，点击即可查看。注释就是对程序的解释和说明，其目的是让人们能够更加轻松地了解程序。当程序变得复杂时，可以通过添加注释的方式，提高程序的可读性。

拓展·Expansion
提高·Improve

　　同学们，请开拓你的思维，想一想，既然超声波传感器的测量范围是2~400cm，为什么有时会显示大于400的数值呢？

自我评价
Self-evaluation

认识：_____

_____

收获：_____

_____

次声波与超声波

次声波的产生和影响

次声波是频率小于20 Hz（赫兹）的声波，不容易衰减，不易被水和空气吸收。在自然界中，海上风暴、火山爆发、大陨石落地、龙卷风、磁暴、极光、地震等都可能伴有次声波的产生。在人类活动中，诸如核爆炸、导弹飞行甚至像搅拌机、扩音喇叭等在发声的同时也都能产生次声波。

60多年前，美国物理学家罗伯特·伍德为英国伦敦一家新剧院做音响效果检查。当剧场开演后，罗伯特·伍德悄悄打开了仪器，仪器无声无息地工作着。不一会儿，剧场内一部分观众便出现了惶惶不安的神情。随后，这种不安的情绪逐渐蔓延至整个剧场。当他关闭仪器后，观众的神情才恢复正常。这就是著名的次声波反应试验。

原来，人体内脏固有的振动频率和次声频率相近似（0.01~20 Hz），倘若外来的次声频率与人体内脏的振动频率相似或相同，就会引起人体内脏的"共振"，从而使人产生头晕、烦躁、耳鸣、恶心等一系列症状。特别是人的腹腔、胸腔等固有的振动频率与外来次声频率一致时，更易引起人体内脏的共振，使人体内脏受损而丧命。

超声波的产生和影响

超声波是指振动频率大于20 000 Hz的声波，这种声波超出了人耳听觉的一般上限（20 000 Hz），所以人们也听不到。在自然界中，有很多动物能够产生超声波，如蝙蝠、海豚、鲸等。当然，通过一些特定的装置，可以产生特定频率的超声波，通常的方法是利用压电晶体的电致伸缩效应和铁磁物质的磁致伸缩效应制成的电声换能器等。

超声波在日常生活中有很多的应用，如超声波加湿器，通过使用雾化片的高频振动，将水珠打散成5μm左右的微小漂浮颗粒，在风机的作用下远离水面，这样不断产生悬浮的水雾，湿润空气。

拓展小知识

05 循迹小车

定义

　　循迹传感器：可以检测预设路面标记线路的传感器，多由反射式光电传感部件组成，可识别标线反光差，为控制器提供反馈信号。

循迹传感器

小知识

反馈控制系统

　　简单来讲，它是指将传感器检测到的环境情况作为反馈信号（输入量），传递给比较器[1]，与给定信号(给定值)相比较。根据比较的结果，控制器对执行机构（通常是电机、灯、喇叭等）发出控制命令，进而改变环境情况（被控量），随后传感器再次检测环境情况并输出给比较器，并重复上述过程。

　　在反馈控制系统中，既存在由输入端到输出端的信号前向通路，也包含从输出端到输入端的信号反馈通路，两者组成一个闭合回路。因此，反馈控制系统又称为闭环控制系统。

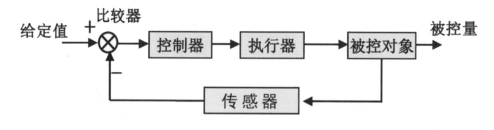

反馈控制系统框图

---

　　[1] 比较器：能够实现对两个或多个数据项进行比较，以确定它们是否相等，或确定它们之间的大小关系及排列顺序的电路或装置。

循迹传感器的结构

　　循迹传感器[①]由红外发射器、红外检测器、调节旋钮和接线端子四大部分组成。使用时需要供给5 V直流电，检测反射距离为2~25 mm。

红外发射器： 不间断发射一定频率的红外线。

红外检测器： 内置滤镜和感光元件，用于接收反射回来的红外线。

调节旋钮： 可改变传感器接收红外线的检测距离。

接线端子： 用于连接电源和对外传递检测信息。

循迹传感器结构示意图

循迹传感器的工作原理

　　循迹传感器的红外发射器不断发射一定频率的红外线。当红外线照射在黑胶带上时，黑色胶带吸收了大部分红外线，反射回来进入红外检测器的红外线很少，红外检测器处于关断状态，此时传感器的输出端是高电平；当红外线照射在白色地面上时，红外线被反射回来且足够强，红外检测器接收饱和，此时传感器的输出端是低电平。注意，使用循迹传感器时不要指向有阳光的地方。

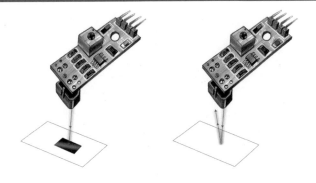

循迹传感器工作原理图

---

① 本课中所使用的是TCRT5000型4针红外反射型循迹传感器。

同学们，想一想，在我们日常生活中，什么时候会用到循迹传感器呢？

碎纸机

机器人躲避障碍

 分析 · Analyze
　　组成 · Components

同学们，请分析一下，履带车的循迹部分主要是由哪些部分组成的。

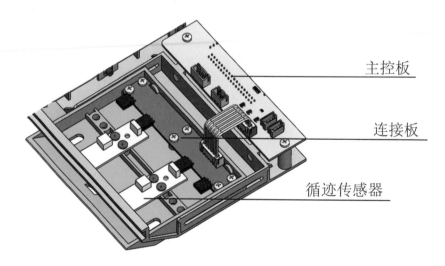

主控板

连接板

循迹传感器

同学们，让我们一起动手连接上循迹传感器进行巡线吧！

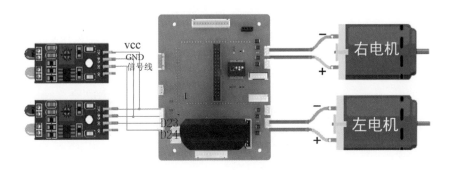

履带车测距部分接线图

查看循迹传感器返回值

　　循迹传感器是数字/模拟量传感器，本课使用数字接口，可以通过串口监视器查看传感器的返回值。完整程序示例如下：

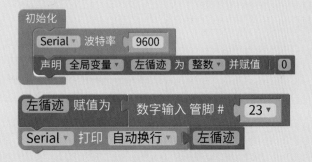

程序解释

　　使用串口监视器查看传感器返回值之前，需要设置串口波特率。为方便后续程序书写，将"左循迹"声明为整数类型的全局变量，并赋值数字量23号引脚的返回值。将程序上传之后，点击系统功能区的串口监视器按钮，在弹出的对话框中可以看到循迹传感器的返回值。返回值以"1"表示高电平（检测到黑色）、"0"表示低电平（没有检测到黑色）。

通过串口监视器查看循迹传感器返回值

循迹功能与流程图

　　履带车的循迹功能是利用循迹传感器检测地面黑胶带实现的。即：当左侧循迹传感器检测到黑胶带时，说明黑色路径向左转弯，车应当左转；当右侧循迹传感器检测到黑胶带时，说明黑色路径向右转弯，车应当右转。

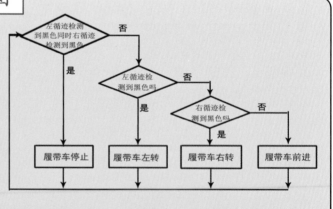

　　为防止履带车速度过快而导致车体冲出循迹线，需要对电机的速度进行调节，因此在程序中构造出"左转""右转""后退"和"前进"四个车体运动函数，需要用到逻辑里面的 判断循迹传感器是否检测到黑胶带。"＝"两端的表达式（如变量、数值等）应保持相同的数据类型。变量"左循迹"的数据类型是整数，但是为了方便程序理解，可以利用"宏定义"①的方法，在等号右端填写布尔类型的"真"。

---

① 宏定义：在Arduino中，含有内部文件，使用宏定义的方法将"真"定义为"1"，将"假"定义为"0"。详情请参阅本系列丛书小学四年级教材第77页。

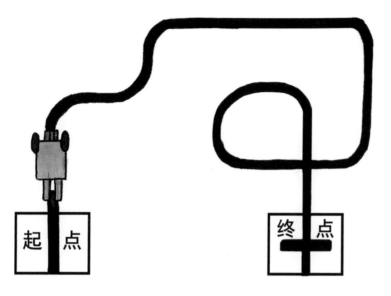

履带车循迹功能示意图

履带车循迹功能参考程序

左转
执行　数字输出 管脚 # A11▾ 设为 低▾
　　　软件模拟输出 管脚 # 5▾ 赋值为 120
　　　数字输出 管脚 # A10▾ 设为 低▾
　　　软件模拟输出 管脚 # 4▾ 赋值为 120

右转
执行　数字输出 管脚 # A11▾ 设为 高▾
　　　软件模拟输出 管脚 # 5▾ 赋值为 120
　　　数字输出 管脚 # A10▾ 设为 高▾
　　　软件模拟输出 管脚 # 4▾ 赋值为 120

前进
执行　数字输出 管脚 # A11▾ 设为 高▾
　　　软件模拟输出 管脚 # 5▾ 赋值为 120
　　　数字输出 管脚 # A10▾ 设为 低▾
　　　软件模拟输出 管脚 # 4▾ 赋值为 120

停止
执行　软件模拟输出 管脚 # 5▾ 赋值为 0
　　　软件模拟输出 管脚 # 4▾ 赋值为 0

初始化
　　　Serial▾ 波特率 9600
　　　声明 全局变量▾ 左循迹 为 整数▾ 并赋值 0
　　　声明 全局变量▾ 右循迹 为 整数▾ 并赋值 0

左循迹 赋值为 数字输入 管脚 # 23▾
右循迹 赋值为 数字输入 管脚 # 24▾
Serial▾ 打印 自动换行▾ 连接字符串 左循迹 + 右循迹
如果　　左循迹 =▾ 真 且 右循迹 =▾ 真
执行　执行 停止
否则如果 左循迹 =▾ 真
执行　执行 左转
否则如果 右循迹 =▾ 真
执行　执行 右转
否则 执行 前进

43

拓展・Expansion
提高・Improve

　　同学们，请开拓你们的思维，想一想，如果只有一个循迹传感器，可以实现循迹功能吗？程序应该怎样改动呢？

自我评价
Self-evaluation

认识：

收获：

运算符是一种告诉编译器执行特定的数学或逻辑操作的符号。Mixly内置了丰富的运算符，如算术运算符、关系运算符、逻辑运算符等。算数运算符即我们常用的"＋""－""×""÷"等。

1.**关系运算符**：适用于比较两个值的运算符号。用关系运算符比较两个值时，结果是一个逻辑值，不是"True"就是"False"。常用的关系运算符有以下几种：

等于(=)：用在变量或表达式之间，判断符号两侧的数据值是否相等，要求两侧数据类型相同时才能比较。规则是，如果两个数据值相等，数据类型相同，则结果为"True"，否则输出"False"。

不相等(≠)：不等于是等于符号的相反判断。符号两边的数据值相等时，返回"False"，否则返回"True"。

小于(<)：小于符号进行有顺序的比较，如果符号左边的数据值小于右边的数据值，则返回"True"，否则返回"False"。

小于等于(≤)：小于等于符号进行有顺序的比较，如果符号左边的数据值小于等于右边的数据值，则返回"True"，否则返回"False"。

大于(>)：大于符号进行有顺序的比较，如果符号左边的数据值大于右边的数据值，则返回"True"，否则返回"False"。

大于等于(≥)：大于等于符号进行有顺序的比较，如果符号左边的数据值大于等于右边的数据值，则返回"True"，否则返回"False"。

2.**逻辑运算符**：用于把语句连接成更为复杂的语句，进行逻辑运算得到的结果只有真和假。常用的逻辑运算符有以下几种：

或运算(||)：参与运算的两个表达式只要有一个为真，结果就为真；两个表达式都为假时，结果才为假。

与运算(&&)：参与运算的表达式都为真时，结果才为真，否则为假。

非运算(!)：参与运算的表达式为真时，结果为假；参与运算的表达式为假时，结果为真。

拓展小知识

06 入侵警报

啊……这个履带车突然叫了起来，吓我一跳！

不要怕，这是入侵警报，可能你到了它管辖的范围了。

好神奇！它怎么知道我来了呢？

这是利用随车携带的人体热释电运动传感器① 感应的，让我们来详细了解一下吧！

同学们，你们对入侵警报系统有了解吗？

①人体热释电运动传感器：以下简称热释电传感器。

定义

热释电传感器：利用专用晶体①材料产生的热释电效应来检测人或动物发射的红外线而输出电信号的传感器。

热释电传感器

小知识

热释电效应

热释电效应是一种物理现象。当某些晶体受热时，在晶体两端将会产生数量相等而符号相反的电荷，这种由于热变化而产生的电极化现象称为热释电效应。比如，人们熟知的碧玺（又称电气石）就具有热释电效应，在受热时就会产生电荷。

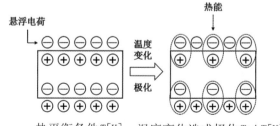

热释电效应示意图

天然碧玺（电气石）

---

① 晶体：固体的一种，组成它的原子、离子或分子按一定空间次序排列，具有规则的外形。

热释电传感器的结构

热释电传感器主要由菲涅尔透镜、热释电探头和接线端子组成。

菲涅尔透镜：用于聚焦，将光线汇聚到热释电探头上。

热释电探头：将人体发出的红外线转变为电信号。

接线端子：用于连接电源和对外传递人体、动物的运动信息。

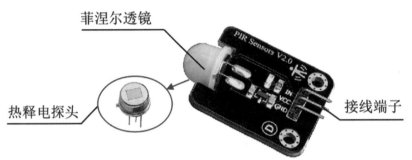

热释电传感器结构示意图

热释电传感器的工作原理

　　我们周围的一切物体都在向外辐射电磁波[①]，这种辐射与物体的温度有关。人体都有恒定的体温，一般在37℃左右，所以会辐射出波长10μm左右的电磁波，即红外线。通过菲涅尔透镜的聚焦作用，将传感器检测范围内的电磁波聚拢到热释电探头上，探头上方的滤光片能有效滤除7~14μm波长以外的电磁波。当人的体温正常时，发出的红外线正好在滤光片的响应波长中，很好地避免了其他光线的干扰。一旦有人入侵到检测区域，探头内部的热释电晶体（如钛酸钡）就会产生电荷，将电信号传递出去。

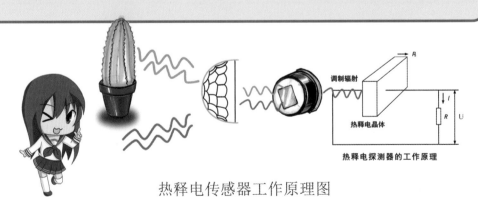

热释电传感器工作原理图

---

①电磁波是能量的一种，凡是高于绝对零度（-273.15℃）的物体，都会释出电磁波。

思考·Consider

应用·Application

同学们，想一想，在我们日常生活中，什么时候会用到热释电传感器呢？

迎宾玩偶

安防警报

 分析·Analyze

组成·Components

同学们，请分析一下，履带车的入侵警报功能主要是由哪些部分组成的。

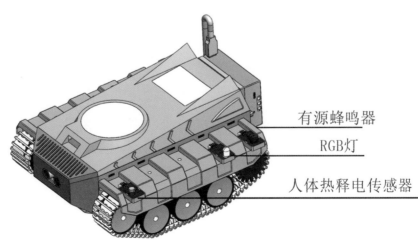

有源蜂鸣器

RGB灯

人体热释电传感器

设计·Design
创新·Creation

同学们，让我们一起动手让履带车实现入侵警报功能吧！

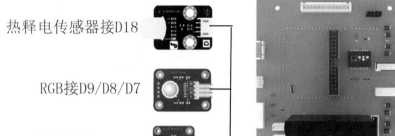

热释电传感器接D18

RGB接D9/D8/D7

蜂鸣器接D16

履带车入侵警报接线图

入侵检测部分

　　热释电传感器是数字量传感器，在有人进入检测区域时，传感器对外输出高电平；当无人进入检测区域时，传感器对外输出低电平。可以通过串口监视器观察传感器检测情况。热释电传感器返回值的程序如下：

声光警报部分

　　履带车的声光警报功能是由有源蜂鸣器和RGB灯共同实现的。

　　有源蜂鸣器是一种能将电信号转化为声音信号的电子元件，在用程序控制时，接收到高电平发出声音，接收到低电平不发出声音。

　　RGB是以光学三原色共同交集成像的全彩LED灯。RGB灯有4根引脚，分别对应R（红色）、G（绿色）、B（蓝色）和GND（连接到控制盒的电源负极)。用程序控制时，对R引脚输出高电平，G和B引脚输出低电平，灯呈现出红色；对G引脚输出高电平，R和B引脚输出低电平，灯呈现绿色；对B引脚输出高电平，R和G引脚输出低电平，灯呈现蓝色。RGB灯控制程序如下（以红灯为例）：

依据所学知识，通过调整RGB灯的高低电平，将下表填充完整。

颜色	红色	绿色	蓝色	黄色	粉色	白色
R	高电平					
G	低电平					
B	低电平					

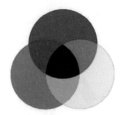

色彩三原色

光学三原色

小知识

三原色

　　三原色指色彩中不能再分解的三种基本颜色，按照颜色产生方式，分为色彩三原色和光学三原色。

　　色彩三原色指的是红、黄、蓝这三种由颜料产生的颜色。色彩三原色可以混合出所有颜料的颜色，同时相加为黑色。

　　光学三原色指的是红（Red）、绿（Green）、蓝（Blue）这三种由发光源（如LED灯、电视屏幕等）产生的颜色，同时相加为白色光。

入侵警报功能与流程图

履带车的入侵警报功能是利用"中断①"实现的。即在正常状态，入侵状态为"0"，所以遇到判断条件"入侵状态是1吗？"时，执行"否"下面的程序：履带车前进、蜂鸣器正常（不响）、RGB灯正常（绿色）。

但是当有人闯入热释电传感器的检测范围，马上就停止正在执行的主程序（流程图内黑色部分），转而执行中断程序（蓝色部分）。中断程序执行完毕，入侵状态赋值为"1"，程序继续向下执行。遇到判断条件"入侵状态是1吗？"时，执行"是"下面的程序：履带车停止、蜂鸣器警报、RGB灯警报（红色）。最后还需要将入侵状态重置回"0"，以应对下次入侵。

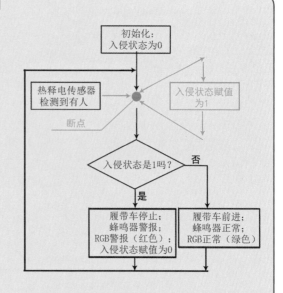

中断函数的创建方法

首先声明变量"入侵状态" 声明 全局变量▼ 入侵状态 为 整数▼ 并赋值 0 ；然后在左侧工具栏的 ↪ 输入/输出 中找到 硬件中断 管脚# 2▼ 模式 上升 执行 ，拖到右侧编程区，设置中断管脚为18号，模式为上升（指热释电传感器检测到有人后管脚的输出从低电平变为高电平）。执行部分放置 入侵状态 赋值为 1 。这样中断函数就创建好了。特别要注意的是，中断函数要放在初始化里。

入侵警报示意图

---

① 中断：程序运行过程中，需要监控一些事情的发生，如对某些传感器的检测结果做出反应。使用轮询的方式进行检测效率低，等待时间长，使用中断的方式可达到实时检测的效果。详情请参阅本系列丛书四年级教材第70页。

履带车入侵警报参考程序

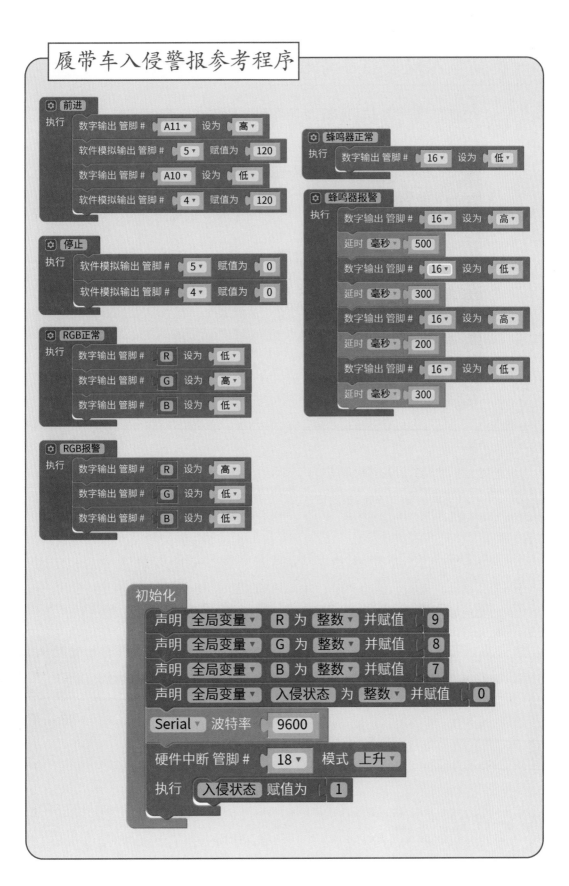

前进

执行　数字输出 管脚 # A11 设为 高
　　　软件模拟输出 管脚 # 5 赋值为 120
　　　数字输出 管脚 # A10 设为 低
　　　软件模拟输出 管脚 # 4 赋值为 120

停止

执行　软件模拟输出 管脚 # 5 赋值为 0
　　　软件模拟输出 管脚 # 4 赋值为 0

RGB正常

执行　数字输出 管脚 # R 设为 低
　　　数字输出 管脚 # G 设为 高
　　　数字输出 管脚 # B 设为 低

RGB报警

执行　数字输出 管脚 # R 设为 高
　　　数字输出 管脚 # G 设为 低
　　　数字输出 管脚 # B 设为 低

蜂鸣器正常

执行　数字输出 管脚 # 16 设为 低

蜂鸣器报警

执行　数字输出 管脚 # 16 设为 高
　　　延时 毫秒 500
　　　数字输出 管脚 # 16 设为 低
　　　延时 毫秒 300
　　　数字输出 管脚 # 16 设为 高
　　　延时 毫秒 200
　　　数字输出 管脚 # 16 设为 低
　　　延时 毫秒 300

初始化

声明 全局变量 R 为 整数 并赋值 9
声明 全局变量 G 为 整数 并赋值 8
声明 全局变量 B 为 整数 并赋值 7
声明 全局变量 入侵状态 为 整数 并赋值 0
Serial 波特率 9600
硬件中断 管脚 # 18 模式 上升
执行 入侵状态 赋值为 1

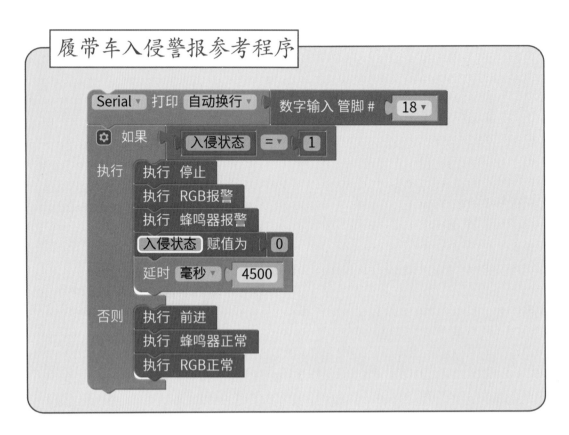

履带车入侵警报参考程序

Serial ▼ 打印 自动换行 ▼ 数字输入 管脚 # 18 ▼

如果 入侵状态 = ▼ 1

执行　执行 停止
　　　执行 RGB报警
　　　执行 蜂鸣器报警
　　　入侵状态 赋值为 0
　　　延时 毫秒 ▼ 4500

否则　执行 前进
　　　执行 蜂鸣器正常
　　　执行 RGB正常

拓展 • Expansion
提高 • Improve

　　同学们，请开拓你们的思维，想一想，本课中RGB灯展现了红、绿、蓝、黄、粉、白这几种颜色，那其他的颜色如何展示出来呢？RGB灯最多能有多少种颜色呢？

自我评价
Self-evaluation

认识:

_____

_____

收获:

_____

_____

07 Wi-Fi远程控制

同学们，你们对WLAN通信有所了解吗？

56

定 义

WLAN：Wireless Local Area Network（无线局域网）的简称，指应用无线通信技术将计算机和设备互联起来，构成可以互相通信的网络体系。

无线局域网

小知识

WLAN和Wi-Fi

以前，在一个区域内的设备与另外一个设备之间是用线缆连接在一起的，这种连接方式简称LAN。后来，有线的设备连通方式太麻烦，所以有了无线通信技术方式，简称WLAN。与用收音机收听广播类似，WLAN也需要一个频段，以避免和其他无线信息相互干扰。经过申请，WLAN获准使用2.4 GHz附近的频段。随着无线设备的普及，2.4 GHz这个频段已不能满足人们的使用要求，又开放了5 GHz这个频段供无线设备使用。

Wi-Fi：全称Wireless-Fidelity，是最大的WLAN工业组织Wi-Fi联盟的商标，该组织致力对WLAN设备进行兼容性认证测试，通过认证的产品，可以使用Wi-Fi的标志。通常，Wi-Fi作为WLAN的同义词使用。

2.4G 2.4GHz频段信号穿墙能力强，覆盖广

5G WiFi 5GHz频段干扰少，信号传输速度快

Wi-Fi模块结构

Wi-Fi模块[①]由板载天线、Wi-Fi模组和串行通信接口三大部分组成。使用时需要供给5 V直流电，数据传输距离为10~50 m（与环境内是否有障碍物密切相关）。

板载天线： 对外收发送无线电信号，进行无线电通信[②]。

Wi-Fi模组： 将串口通信的电信号转化为无线电信号，信号频段在2.4 GHz附近。

串行通信接口： 用于连接电源和对外传递串行信息。

Wi-Fi模块结构示意图

计算机网络基础

因特网（Internet）是一组全球信息资源的总汇，我们上网查资料就是使用因特网。当你想上网查资料的时候，你的服务请求从终端（手机、Pad、计算机）发出，传递给路由器（可同时连接多个终端设备）。路由器可以读取每一个数据包[③]中的地址，再根据选定的路由算法把数据包按最佳路线传送到指定地址。但此时，路由器对外发出的是数字电信号，需要调制解调器（俗称"猫"）将数字电信号转化为光信号，这样就可以通过光纤将数据包发送到因特网的服务器上了。

计算机网络基本结构

---

① Wi-Fi模块：本课所使用的是ESP8266 Wi-Fi透传模块，专为移动设备和物联网应用设计，可将用户的物理设备连接到Wi-Fi无线网络上，进行互联网或局域网通信，实现联网功能。

② 无线电通信：将需要传送的声音、文字、数据、图像等电信号调制在300 kHz～300 GHz的电磁波上经空间和地面传至对方的通信方式。

③ 数据包：通信数据网络里，单个消息被划分为多个数据块，这些数据块称为包，它包含发送者和接收者的地址信息。

同学们，想一想，在我们日常生活中，什么时候会用到Wi-Fi呢？

物联网家电　　　　　　　　　公共区域Wi-Fi接口

分析・Analyze
组成・Components

同学们，请分析一下，履带车的Wi-Fi远程控制部分主要是由哪些部分组成的。

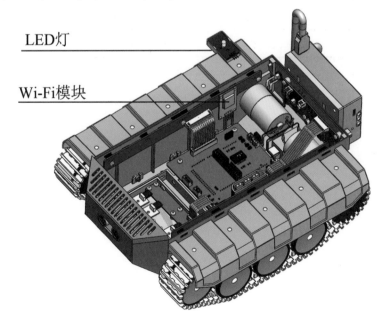

LED灯

Wi-Fi模块

同学们，让我们一起动手连接上Wi-Fi模块进行远程控制吧！

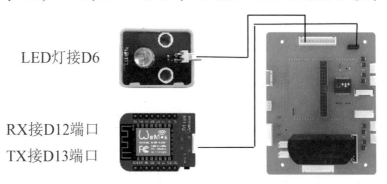

LED灯接D6

RX接D12端口
TX接D13端口

履带车Wi-Fi远程控制接线图

Wi-Fi模块的使用方法

硬件连线

　　Wi-Fi模块有4个管脚，Vcc和GND分别用来给Wi-Fi模块供电，RX是数据接收端，TX点是数据发送端。在接线的过程中遵循两个串口设备间需要发送端与接收端交叉连接，并共用电源地线的原则。

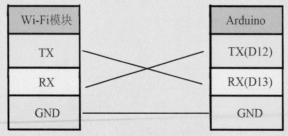

Wi-Fi模块		Arduino
TX		TX(D12)
RX		RX(D13)
GND		GND

串口通信示意图

　　在Wi-Fi模块内部，通过搭载的芯片，将Wi-Fi信号转换成串口电信号(遵循TTL逻辑电平[①])，这样就能与Arduino控制板相互通信了。由于Arduino控制板上的硬件串口（0和1号管脚）是Arduino与计算机通信的专用管脚，所以需要使用软串口功能。软串口是由程序模拟生成的，使用起来不如硬件串口稳定，并且和硬件串口一样，波特率越高越不稳定。

---

① TTL逻辑电平：TTL是晶体管-晶体管逻辑电平的英文缩写，+5 V等价于逻辑"1"，0 V等价于逻辑"0"。

Wi-Fi模块的使用方法

AT指令

Wi-Fi模块是通过标准串口收发AT指令进行编程控制的。AT指令是字符串类型的数据，指令以AT开头，回车符结束。每个AT指令执行后，模块都会返回状态值，用于判断指令执行结果。AT指令的返回值有三种类型：

▮ OK:表示AT指令执行成功。

▮ ERROR:表示AT指令执行失败。

▮ 返回和命令相关的字符串。

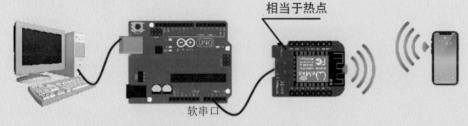

由Wi-Fi模块组建的局域网的数据传输示意图

调试方法

利用Arduino的软串口与Wi-Fi模块进行串口通信，测试AT指令。打开 初始化 Serial▼ RX# 0▼ TX# 0▼ 找到 串口 ，更改串口型号为SoftwareSerial，并配置13、12引脚是软串口的RX(接收)、TX(发送)引脚。设置硬串口Serial和软串口SoftwareSerial的波特率均为9600。主程序部分，让软串口通过打印的方式对Wi-Fi模块输出测试指令"AT",如果软串口能接收到Wi-Fi模块的返回值"OK"，表明Wi-Fi模块的AT指令功能正常，此时通过硬串口在串口监视器上显示"AT IS OK",否则显示"AT IS FAILED"。

61

Wi-Fi远程控制功能与流程图

履带车的Wi-Fi远程控制功能的实现需要经历以下几个步骤：

(1)打开Mixly编程环境，设置Arduino控制板的13、12引脚是软串口的RX(接收)、TX(发送)引脚。利用Arduino软串口给Wi-Fi模块发送指令，对Wi-Fi模块进行配置。打开新禾模块  ，找到 Serial ▾ ⓦ wifi模块初始化 myWifi ，更改串口名称为"SoftwareSerial"，并配置Wi-Fi名称。

(2)声明全局变量"comdata"，设置变量类型为"字符串"，用来存储从Wi-Fi接收到的信号。

> **初始化**
> 初始化 SoftwareSerial ▾ RX# 13 ▾ TX# 12 ▾
> SoftwareSerial ▾ ⓦ wifi模块初始化 myWifi
> 声明 全局变量 ▾ comdata 为 字符串 ▾ 并赋值 " "

(3)编写与上位机①软件交互的主程序。当上位机软件发送"ON"(打开)或"OFF"(关闭)命令时，Arduino通过Wi-Fi获取代表"打开"或"关闭"含义的字符串"power_on"或"power_off"，并把这个字符赋值给"comdata"变量。同时，可以通过硬串口打印的方式，将上位机发送的字符串显示出来。

如果Arduino软串口（SoftwareSerial）接收到的是字符串"power_on"，就执行点亮LED测试灯（数字6号引脚高电平）;否则如果Arduino软串口(Software-Serial)接收到的是字符串"power_off"，就执行熄灭LED测试灯（数字6号引脚低电平）。

> ⚙ 如果 SoftwareSerial ▾ 有数据可读吗?
> 执行 comdata ▾ 赋值为 SoftwareSerial ▾ 读取字符串
> Serial ▾ 打印 自动换行 ▾ comdata
> ⚙ 如果 字符串 comdata 以字符串 " power_on " 结尾
> 执行 数字输出 管脚# 6 ▾ 设为 高 ▾
> 否则如果 字符串 comdata 以字符串 " power_off " 结尾
> 执行 数字输出 管脚# 6 ▾ 设为 低 ▾

(4)将计算机上的Wi-Fi功能打开，搜索附近的网络，这时可以搜索到"myWifi"这个无线网络，点击"连接"按钮，接入Wi-Fi局域网。

---

① 上位机：可以直接发出操控命令的计算机，一般在屏幕上显示各种信号变化（液压、水位、温度等）。下位机是直接控制设备获取设备状况的计算机，一般是单片机（如Arduino）。

Wi-Fi远程控制功能与流程图

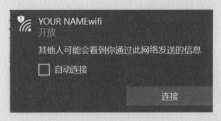

在计算机的"网络和Internet设置"中找到"myWifi"。

（5）打开上位机软件，在网络通信模块里找到"打开网络"按钮，利用"ON"和"OFF"按钮远程控制测试小灯，同时在串口监视器上查看命令状态。

上位机软件图

串口监视器

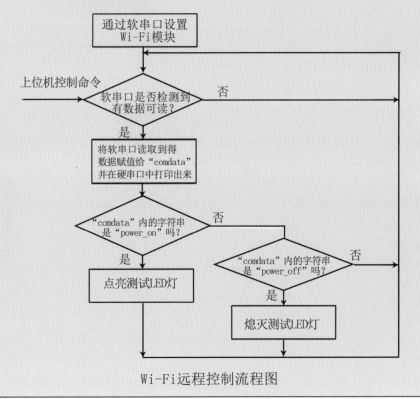

Wi-Fi远程控制流程图

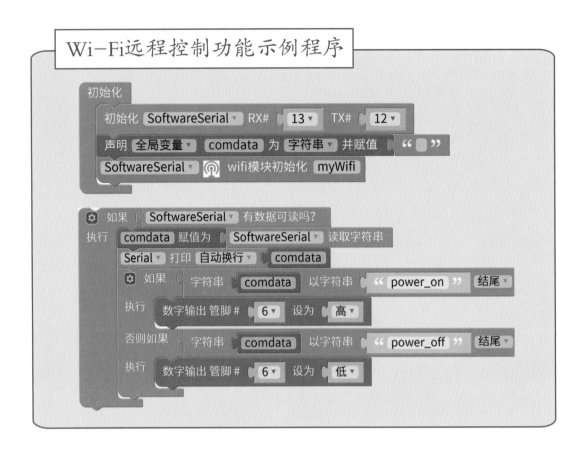

Wi-Fi远程控制功能示例程序

拓展·Expansion
提高·Improve

  同学们，请开拓你们的思维，想一想，如果采用广域网的控制方式，在很远的地方控制测试小灯，要怎样做呢？

自我评价
Self-evaluation

认识：＿＿＿＿＿＿＿＿＿＿＿＿＿＿＿＿＿＿＿＿＿＿＿

＿＿＿＿＿＿＿＿＿＿＿＿＿＿＿＿＿＿＿＿＿＿＿＿＿＿＿

收获：＿＿＿＿＿＿＿＿＿＿＿＿＿＿＿＿＿＿＿＿＿＿＿

＿＿＿＿＿＿＿＿＿＿＿＿＿＿＿＿＿＿＿＿＿＿＿＿＿＿＿

光纤通信技术与应用

拓展小知识

光的全反射

光纤传输

1870年的一天，英国物理学家丁达尔到皇家学会的演讲厅讲光的全反射原理。他做了一个简单的实验：在装满水的木桶上钻个孔，然后用灯从桶上面把水照亮。结果使观众们大吃一惊。人们看到，发光的水从水桶的小孔里流了出来，水流弯曲，光线也跟着弯曲，光居然被弯弯曲曲的水俘获了。

这是为什么呢？难道光线不再沿直线传播了吗？这些现象引起了丁达尔的注意，经过他的研究，发现这是光的全反射作用。由于水和其他一些介质的密度比周围的物质（如空气）大，即光从水中射向空气，当入射角大于某一角度时，折射光线消失，全部光线都反射回水中。表面上看，光就好像在水流中弯曲前进了。

后来人们造出一种透明度很高、粗细像蜘蛛丝一样的玻璃丝——玻璃纤维，当光线以合适的角度射入玻璃纤维时，光就沿着弯弯曲曲的玻璃纤维前进。由于这种纤维能够用来传输光线，所以称它为光导纤维。光导纤维可以用在通信技术里。一根头发丝粗细的光纤，可容纳48亿人同时在线通话。

08 履带车综合场地任务

同学们，让我们一起来设计这个有趣的履带车吧！

> ### 任务目标
>
> 　　履带车沿着特定的路线巡逻，遇上障碍物的时候，会停下来自动报警，然后利用上位机关闭警报。履带车将障碍物推出路线后，退回到原轨道上继续巡线。

任务示意图

功能太复杂了，突然有些不知如何下手。

　　面对复杂问题，可以按照功能将系统解构，分析每种功能的实现方法，保证实现最主要的功能，其他功能再逐步整合在一起，形成完整功能。

任务拆解	所需器件	管脚定义
车体运动功能	驱动电机×2	左电机：A11号控制方向，高电平前进，低电平后退。5号控制速度0~255，数值越大速度越快。 右电机：A10号控制方向，4号控制速度
循迹功能	循迹传感器×2	左循迹：23号（有黑胶带为真） 右循迹：24号
避障功能	红外测距传感器×1	信号输入端：A0
声光报警功能	有源蜂鸣器×1；RGB灯×1	蜂鸣器：16号 RGB灯：R—9号/G—8号/B—7号
远程控制功能	Wi-Fi模块	RX：13 TX：12

　　履带车的主要功能是巡线，因此应先调试好巡线功能。调试的主要内容是车速和转弯的灵活度及循迹传感器的灵敏度。可以通过调节电机转速的参数和循迹传感器上的灵敏度调节旋钮改变性能。具体代码如下：

程序解释：
当左侧循迹传感器为真时，表示循迹传感器压住黑线，车体右倾，所以应左转弯。

循迹功能示意图

在巡线基础上附加避障功能

　　在履带车巡线的基础上附加避障功能。当红外测距传感器检测到障碍物的时候，履带车会停止不动。由于障碍物会直接影响履带车的运动方式，所以要在循迹逻辑之前判断。同时，为了是使主程序逻辑清晰，将循迹功能封装为子函数，方便主程序调用。

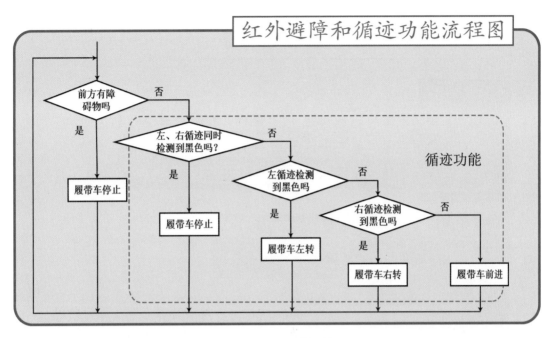

红外避障和循迹功能参考程序

左转
执行
数字输出 管脚# A11 设为 低
软件模拟输出 管脚# 5 赋值为 150
数字输出 管脚# A10 设为 低
软件模拟输出 管脚# 4 赋值为 150

右转
执行
数字输出 管脚# A11 设为 高
软件模拟输出 管脚# 5 赋值为 150
数字输出 管脚# A10 设为 高
软件模拟输出 管脚# 4 赋值为 150

前进
执行
数字输出 管脚# A11 设为 高
软件模拟输出 管脚# 5 赋值为 150
数字输出 管脚# A10 设为 低
软件模拟输出 管脚# 4 赋值为 150

后退
执行
数字输出 管脚# A11 设为 低
软件模拟输出 管脚# 5 赋值为 150
数字输出 管脚# A10 设为 高
软件模拟输出 管脚# 4 赋值为 150

重置传感器状态
执行 左循迹 赋值为 数字输入 管脚# 23
右循迹 赋值为 数字输入 管脚# 24

停止
执行
软件模拟输出 管脚# 5 赋值为 0
软件模拟输出 管脚# 4 赋值为 0

循迹
执行 执行 重置传感器状态
如果 左循迹 = 真 且 右循迹 = 真
执行 执行 停止
否则如果 左循迹 = 真
执行 执行 左转
否则如果 右循迹 = 真
执行 执行 右转
否则 执行 前进

程序未完，接下页

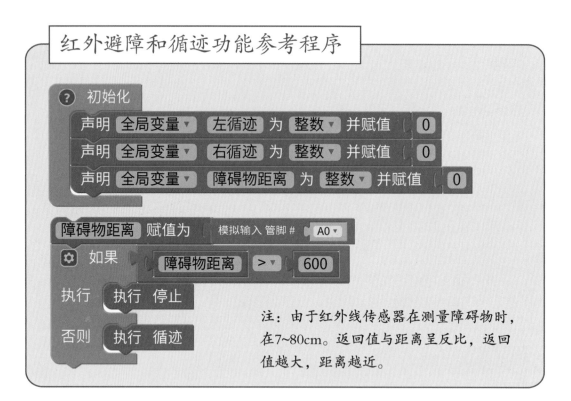

红外避障和循迹功能参考程序

注：由于红外线传感器在测量障碍物时，在7~80cm。返回值与距离呈反比，返回值越大，距离越近。

在避障巡线基础上附加声光报警功能

在履带车巡线途中遇到障碍物停下来时，触发声光报警，此时有源蜂鸣器鸣响，RGB灯是红色；当履带车正常巡线时，有源蜂鸣器不响，RGB灯是绿色。当移开障碍物的时候，恢复循线功能。

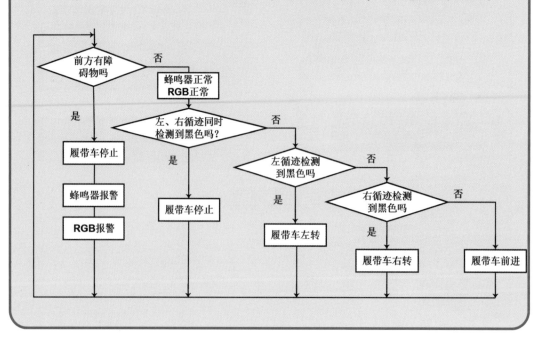

循迹、避障和声光报警功能参考程序

前进
执行
- 数字输出 管脚 # A11 ▾ 设为 高 ▾
- 软件模拟输出 管脚 # 5 ▾ 赋值为 150
- 数字输出 管脚 # A10 ▾ 设为 低 ▾
- 软件模拟输出 管脚 # 4 ▾ 赋值为 150

停止
执行
- 软件模拟输出 管脚 # 5 ▾ 赋值为 0
- 软件模拟输出 管脚 # 4 ▾ 赋值为 0

后退
执行
- 数字输出 管脚 # A11 ▾ 设为 低 ▾
- 软件模拟输出 管脚 # 5 ▾ 赋值为 150
- 数字输出 管脚 # A10 ▾ 设为 高 ▾
- 软件模拟输出 管脚 # 4 ▾ 赋值为 150

RGB正常
执行
- 数字输出 管脚 # R 设为 低 ▾
- 数字输出 管脚 # G 设为 高 ▾
- 数字输出 管脚 # B 设为 低 ▾

左转
执行
- 数字输出 管脚 # A11 ▾ 设为 低 ▾
- 软件模拟输出 管脚 # 5 ▾ 赋值为 150
- 数字输出 管脚 # A10 ▾ 设为 低 ▾
- 软件模拟输出 管脚 # 4 ▾ 赋值为 150

RGB报警
执行
- 数字输出 管脚 # R 设为 高 ▾
- 数字输出 管脚 # G 设为 低 ▾
- 数字输出 管脚 # B 设为 低 ▾

蜂鸣器正常
执行
- 数字输出 管脚 # 16 ▾ 设为 低 ▾

右转
执行
- 数字输出 管脚 # A11 ▾ 设为 高 ▾
- 软件模拟输出 管脚 # 5 ▾ 赋值为 150
- 数字输出 管脚 # A10 ▾ 设为 高 ▾
- 软件模拟输出 管脚 # 4 ▾ 赋值为 150

蜂鸣器报警
执行
- 重复 满足条件 ▾ 真 ▾
  执行
  - 软件模拟输出 管脚 # 16 ▾ 赋值为 255
  - 延时 毫秒 ▾ 1000
  - 软件模拟输出 管脚 # 16 ▾ 赋值为 150
  - 延时 毫秒 ▾ 1000

重置传感器状态
执行
- 左循迹 赋值为 数字输入 管脚 # 23 ▾
- 右循迹 赋值为 数字输入 管脚 # 24 ▾

循迹
执行
- 执行 重置传感器状态
- 如果 左循迹 = ▾ 真 且 右循迹 = ▾ 真
  执行 执行 停止
  否则如果 左循迹 = ▾ 真
  执行 执行 左转
  否则如果 右循迹 = ▾ 真
  执行 执行 右转
  否则 执行 前进

初始化
声明 全局变量 R 为 整数 并赋值 9
声明 全局变量 G 为 整数 并赋值 8
声明 全局变量 B 为 整数 并赋值 7
声明 全局变量 左循迹 为 整数 并赋值 0
声明 全局变量 右循迹 为 整数 并赋值 0
声明 全局变量 障碍物距离 为 整数 并赋值 0

障碍物距离 赋值为 模拟输入 管脚 # A0

如果 障碍物距离 > 600
执行 执行 停止
执行 蜂鸣器报警
执行 RGB报警
否则 执行 蜂鸣器正常
执行 RGB正常
执行 循迹

注："障碍物距离"变量存放的是红外线传感的返回值。大于600时表示与障碍物的实际距离小于15 cm。

这么半天还没弄好，烦死了。

锅炉

分拣A

成品区

分拣B

"行百里者半九十"就差最后一点了，加油呀！

加入远程控制功能

　　到现在为止，履带车已经具备循迹、避障和声光报警功能，但是现在履带车遇到障碍物就只能停止前进，避免相撞，无法对障碍物进行处理。这时，我们要引入远程控制功能，通过Wi-Fi网络远程关闭声光报警，履带车将障碍物推出巡线轨迹，然后退回到巡线轨迹中继续巡线，直到终点。

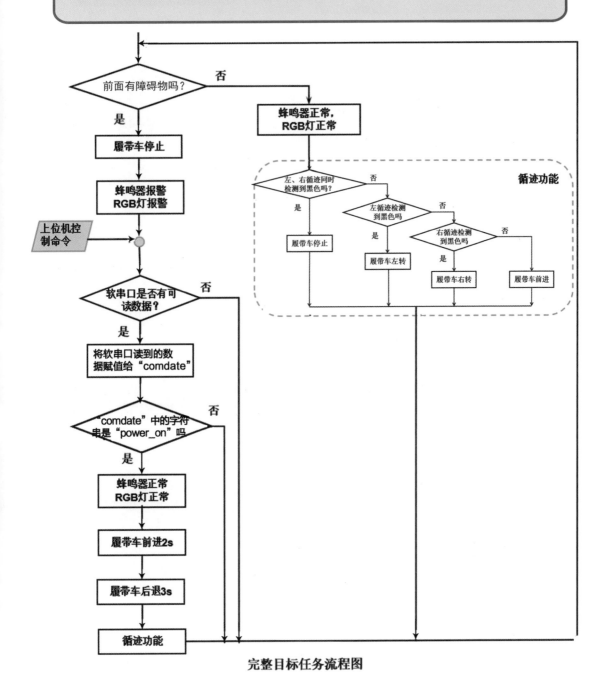

完整目标任务流程图

完整目标任务参考程序

前进
执行
数字输出 管脚 # A11 设为 高
软件模拟输出 管脚 # 5 赋值为 150
数字输出 管脚 # A10 设为 低
软件模拟输出 管脚 # 4 赋值为 150

后退
执行
数字输出 管脚 # A11 设为 低
软件模拟输出 管脚 # 5 赋值为 150
数字输出 管脚 # A10 设为 高
软件模拟输出 管脚 # 4 赋值为 150

停止
执行
软件模拟输出 管脚 # 5 赋值为 0
软件模拟输出 管脚 # 4 赋值为 0

左转
执行
数字输出 管脚 # A11 设为 低
软件模拟输出 管脚 # 5 赋值为 150
数字输出 管脚 # A10 设为 低
软件模拟输出 管脚 # 4 赋值为 150

右转
执行
数字输出 管脚 # A11 设为 高
软件模拟输出 管脚 # 5 赋值为 150
数字输出 管脚 # A10 设为 高
软件模拟输出 管脚 # 4 赋值为 150

RGB正常
执行
数字输出 管脚 # R 设为 低
数字输出 管脚 # G 设为 高
数字输出 管脚 # B 设为 低

RGB报警
执行
数字输出 管脚 # R 设为 高
数字输出 管脚 # G 设为 低
数字输出 管脚 # B 设为 低

蜂鸣器正常
执行
数字输出 管脚 # 16 设为 低

蜂鸣器报警
执行
重复 满足条件 真
执行
软件模拟输出 管脚 # 16 赋值为 255
延时 毫秒 1000
软件模拟输出 管脚 # 16 赋值为 150
延时 毫秒 1000

重置传感器状态
执行
左循迹 赋值为 数字输入 管脚 # 23
右循迹 赋值为 数字输入 管脚 # 24

循迹
执行 执行 重置传感器状态
如果 左循迹 = 真 且 右循迹 = 真
执行 执行 停止
否则如果 左循迹 = 真
执行 执行 左转
否则如果 右循迹 = 真
执行 执行 右转
否则 执行 前进

完整目标任务参考程序

初始化

初始化 SoftwareSerial▾ RX# [13▾] TX# [12▾]

SoftwareSerial▾ 📡 wifi模块初始化 [myWifi]

延时 毫秒▾ [200]

声明 全局变量▾ [R] 为 整数▾ 并赋值 [9]

声明 全局变量▾ [G] 为 整数▾ 并赋值 [8]

声明 全局变量▾ [B] 为 整数▾ 并赋值 [7]

声明 全局变量▾ [左循迹] 为 整数▾ 并赋值 [0]

声明 全局变量▾ [右循迹] 为 整数▾ 并赋值 [0]

声明 全局变量▾ [障碍物距离] 为 整数▾ 并赋值 [0]

声明 全局变量▾ [comdata] 为 字符串▾ 并赋值 [" "]

[障碍物距离] 赋值为 [模拟输入 管脚# A0▾]

⚙ 如果 [障碍物距离] >▾ [600]

执行　　执行 停止

　　　　执行 蜂鸣器报警

　　　　执行 RGB报警

　　　　⚙ 如果 [SoftwareSerial▾ 有数据可读吗?]

　　　　执行 [comdata] 赋值为 [SoftwareSerial▾ 读取字符串]

　　　　　　⚙ 如果 [字符串 [comdata] 以字符串 " power_on " 结尾▾]

　　　　　　执行　执行 蜂鸣器正常

　　　　　　　　　执行 RGB正常

　　　　　　　　　执行 前进

　　　　　　　　　延时 毫秒▾ [2000]

　　　　　　　　　执行 后退

　　　　　　　　　延时 毫秒▾ [3000]

　　　　　　　　　执行 循迹

否则　执行 蜂鸣器正常

　　　执行 RGB正常

　　　执行 循迹

75

09 驱动机械臂

这些机器人跳舞跳得好棒啊，它们是如何像人一样运动起来的呢？

因为机器人的关节部位使用了舵机呀！

什么是舵机啊？舵机有什么作用呢？

让我们一起来探索一下关于舵机的知识吧！

同学们，你们对舵机有了解吗？

搜索 · Search
答案 · Answer

　　舵机：一种位置（角度）能够跟随输入量（或给定值）的任意变化而变化的驱动器。舵机适用于那些需要角度不断变化并可以保持的控制系统。

舵机

小知识

PWM舵机与总线舵机

　　PWM舵机：航模上使用最多的一种角度转动模块，其优点是瞬间能够完成角度变化，但是负载时间过长之后，齿轮易变形，精准度降低。

　　总线舵机：总线舵机适用范围广，采用串口形式发送指令，使舵机按照既定的速度、目标位置完成工作。总线舵机相比普通的PWM舵机，最大的优势在于其可以级联控制，就是将舵机一个接一个，然后用控制器统一控制。另外，每个舵机在控制时，并不需要外部 PWM 调控，因为其内部控制电路已经实现了PWM的控制，对总线舵机的控制只需发送指令即可。

PWM 舵机

串行总线舵机

舵机的结构

　　舵机内部由一个小型直流电机、一组变速齿轮、一个反馈可调电位器以及一块电机控制板组成自动控制系统。电机控制板主要是用来驱动电机和接收电位器反馈回来的信息。舵机的驱动力来自直流电机，通过变速齿轮的传动和变速，将动力传输到输出轴。同时，舵机内部设有反馈可调电位器和控制电路板，用来参与舵机的转动角度的控制和信号的反馈检测工作。

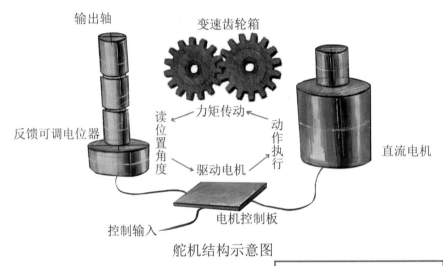

舵机结构示意图

舵机的控制原理

　　舵机的角度是由可变宽度的持续脉冲[1]来进行控制的。脉冲的宽度[2]决定了舵机转动到达的位置角度。1.5 ms脉冲会让舵机转动到中间位置，当舵机接收到一个小于1.5 ms的脉冲，输出轴会以中间位置为标准，逆时针旋转一定角度。当接收到的脉冲大于1.5 ms时，情况相反。这样就可以实现一个脉冲宽度对应一个位置角度。

　　当舵机移动到某一位置，并让它保持这个角度时，外力的影响不会让它的角度产生变化，但是这个外力是有上限的，上限就是它的最大扭力。

　　总线数字舵机与传统舵机相比，内部的组成结构和原理基本一致，最大特点就是舵机之间可串联，最多可级联255个舵机；同时具备角度回读、多种角度工作模式切换功能。

[1] 脉冲：通常是指像脉搏似的短暂起伏的电冲击（电压或电流）。
[2] 脉冲的宽度：一个脉冲周期内高电平的时间长度。

同学们，想一想，在我们日常生活中，什么时候会用到舵机呢？

跳舞机器人　　　　　　　工厂机械臂

◪ 分析・Analyze
组成・Components

同学们，请分析一下，机械臂主要是由哪些部分组成的。

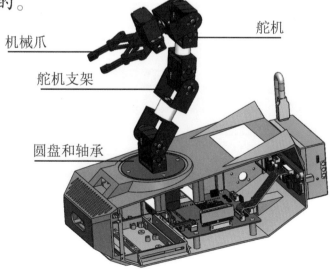

机械爪　　　　　　　　　舵机

舵机支架

圆盘和轴承

设计·Design
创新·Creation

同学们，让我们一起动手利用今天所学知识让舵机动起来吧！

舵机ID定义链接

为了区分机械臂上的舵机，我们需要使用软件给每一个舵机进行命名。在命名之前首先进行线路连接：

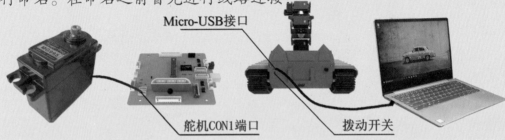

Micro-USB接口

舵机CON1端口　　　拨动开关

如上图所示，将舵机接入控制板CON1端口(注意将Micro-USB线一端接入计算机USB接口，另一端接入车尾部左侧的Micro-USB接口)，将接口下方开关拨动至上侧，此时可以使用上位机软件控制舵机进行运动。后续如需使用Arduino控制板控制舵机，请将开关拨动至下侧。

读取舵机初始ID

在计算机上打开串行舵机控制上位机软件，如图所示。软件包含串口设置、舵机设置、手臂控制和网络通信四大板块。

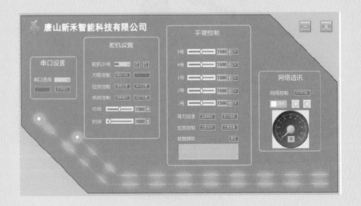

在左侧串口设置窗口选择新增的COM口，然后点击打开串口按钮即可连接成功。

读取

舵机ID号码在出厂设定中一般都标定为"0"号舵机，在**舵机设置**中点击**读取版本**即可获取当前连接舵机的版本和ID号码，在**手臂控制栏**中的**数据接收处**显示舵机的版本和ID号码。

 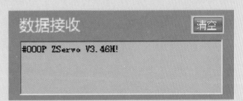

图中数据"#000P"译为舵机的初始ID号码为0，"ZServo V3.46H！"为舵机的型号及版本。点击舵机ID号右侧的"读"按键也可读取舵机ID号码。

写入

在舵机设置的第一栏可以修改舵机ID号码。点击下拉菜单，选择想要修改的舵机ID号码，点击"写"按钮即可完成修改舵机ID号码的操作。课程使用的机械臂为5轴机械臂，按从下至上的顺序定义舵机ID为1、2、3、4、5号。

舵机功能测试

单舵机测试

更改舵机ID号码后，可以使用舵机设置栏中的位置控制系统来移动舵机进行角度测试，其中**位置**"1500"表示给舵机1.5 ms的脉冲信号。此时，对应舵机的居中位置。移动位置滑块，数值在0500~2500变动。位置"0500"对应舵机位置角度最小值0°，位置"2500"对应舵机位置最大值270°。**时间**表示舵机从当前位置角度转动到目标位置角度所需要的时间，单位是毫秒（1 s=1000 ms）。

粗略调节：通过鼠标拖拽"位置"滑块，可以实现舵机的角度调节，"时间"滑块可以调整舵机转动到目标位置所用时间（即速度调整）。

精准调节：通过右侧数字栏手动输入需要舵机转动的位置或时间后，按下回车键即可实现舵机的精准角度、速度调节。

多舵机测试

单独定义1~5号舵机并将机械臂组装（见第154和155页）完毕后，将5个舵机用信号线串联起来，可以使用手臂控制栏的位置控制系统。

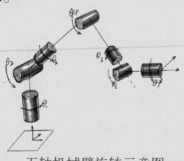

五轴机械臂旋转示意图

通过鼠标拖拽滑块，可以实现对应ID号码舵机的角度调节，也可通过数字栏输入角度按下回车键调节舵机的角度。当需要舵机返回中间位置时，点击"中"键即可回到"1500"居中位置。

软件模拟串口通信

通俗来讲，机械臂若想要进行运动，需要给机械臂发送让舵机变换转动角度的控制信号。这个信号既可以通过上位机软件发送，也可以通过Arduino控制器的串口进行。在Arduino Mega上，提供了0（RX）、1（TX）一组硬件串口，可与外围串口设备通信，如果要连接更多的串口设备，可以使用软串口。

打开Mixly编程软件，在串口模块中找到可以将数字管脚转化成软串口的初始化模块：在下拉菜单中修改"Serial"为"SoftwareSerial"，并将RX和TX引脚改为"10""11"作为舵机通信的软串口，如图所示。

在串口模块中拖出两个波特率模 Serial▾ 波特率 9600 ，按照"Serial"对应"9600"、"SoftwareSerial"对应"115200"的方式插入串口通信模块下方，最后使用控制模块中的初始化模块 初始化 封装，如图所示。

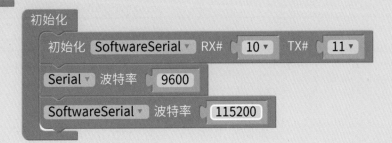

完成舵机与控制器之间的通信后，接下来我们一起来学习使用编程控制舵机移动吧！

机械臂控制命令

使用Arduino控制总线舵机使机械臂移动时，首先需要了解控制总线舵机的参数命令。

舵机的操作指令为："#IndexPpwmTtime!"它由"Index""pwm"以及"time"等三个部分以及结尾的感叹号"！"组成。

其中，"Index"部分为3位数字，编号为000~254，代表舵机的ID号码，也说明了串行舵机最多串联控制255个。初始舵机ID一般为"000"，当我们需要同时使用多个舵机时，就需要修改ID号码。

"pwm"部分为4位数字，编号位0500~2500，代表舵机位置。PWM值是舵机位置控制量，传统模拟舵机控制方式就是PWM脉冲控制，本书所用舵机依旧延续这种概念，使用"pwm"来表示舵机所对应的位置。（"pwm"与舵机角度对应关系：500对应0°位置，2500对应270°位置。）

time部分为4位数字，编号为0000~9999，单位是毫秒，代表舵机单次动作的运行时间。"time"部分必须是4位数，不足时首位补零。

举例讲解： `SoftwareSerial▼ 打印 自动换行▼` `" #001P1500T0100! "`

此条命令的含义为1号ID舵机旋转至中间位置角度，运行时间为100 ms（即0.1 s）。由此我们便可以使用串口命令的方式控制舵机的运行。

小知识

当同时控制多个舵机时，也可以将操控程序写在同一条串行命令中，例如：

`SoftwareSerial▼ 打印 自动换行▼` `" #001P1500T0100!#002P0500T0100! "`

同学们，学习了使用串口命令编程控制舵机后，我们来编写一下机械臂"招手"的程序吧！

机械臂竖直和弯曲图例

程序编写

初始化
- 初始化 SoftwareSerial RX# 10 TX# 11
- Serial 波特率 9600
- SoftwareSerial 波特率 115200

| SoftwareSerial 打印 自动换行 " #001P1500T0100! " |
| SoftwareSerial 打印 自动换行 " #002P1500T0100! " |
| SoftwareSerial 打印 自动换行 " #003P1500T0100! " | 机械臂"直立"
| SoftwareSerial 打印 自动换行 " #004P1500T0100! " |
| SoftwareSerial 打印 自动换行 " #005P1500T0100! " |

延时 毫秒 2000

| SoftwareSerial 打印 自动换行 " #001P1500T0100! " |
| SoftwareSerial 打印 自动换行 " #002P1500T0100! " |
| SoftwareSerial 打印 自动换行 " #003P2100T1000! " | 机械臂"招手"
| SoftwareSerial 打印 自动换行 " #004P1500T0100! " |
| SoftwareSerial 打印 自动换行 " #005P1300T0100! " |

延时 毫秒 2000

拓展 · Expansion
提高 · Improve

　　同学们，请开拓你们的思维，想一想，使机械臂舞动起来要怎么做呢？把你的想法和同学们交流一下吧！

自我评价
Self-evaluation

认识：

收获：

10 示教抓取

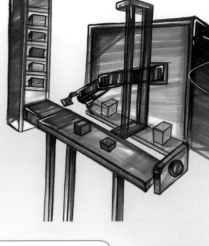

小禾，为什么工厂的机械臂能够精准地抓取货物呢？

那是因为机械臂都是按照工程师预定的坐标来进行移动的。

什么是坐标啊？为什么机械臂能通过预定的坐标来移动呢？

让我们一起来学习一下关于坐标的知识吧！

同学们，你们对坐标有了解吗？

87

定 义

坐标系：一种可视化的辅助工具。如果物体沿直线运动，为了定量描述物体的位置变化，可以以这条直线为X轴，在直线上规定原点、正方向和单位长度，建立直线坐标系。一般来说，为了定量地描述物体的位置及位置的变化，需要在参考系上建立适当的坐标系。

坐标系的种类

常用的坐标系有笛卡儿[①]直角坐标系、平面极坐标系、柱面坐标系（或称柱坐标系）和球面坐标系(或称球坐标系)等。

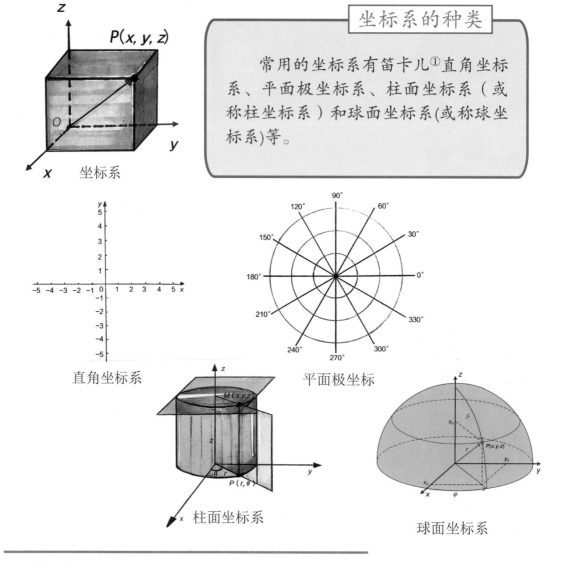

坐标系

直角坐标系

平面极坐标

柱面坐标系

球面坐标系

---

① 笛卡儿：勒内·笛卡儿，数学家，1637年发明了现代数学的基础工具——坐标系，将几何和代数相结合，创立了解析几何学。

1.直角坐标型

臂部由三个相互垂直相交的移动副①组成。带动夹爪部分别沿 X、Y、Z三个坐标轴的方向做直线移动。其结构简单，运动位置精度高，但所占空间较大，工作范围相对较小。

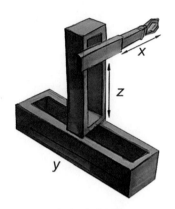

直角坐标型

2.圆柱坐标型

臂部由一个转动副②和两个移动副组成。相对来说，圆柱坐标型所占空间较小，工作范围较大，应用较广泛。

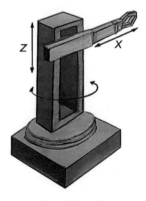

圆柱坐标型

---

① 移动副：在平面内的某一方向上，两构件直接接触并能产生相对运动的活动连接。
② 转动副：允许绕轴转动的构件。

3.关节型

　　关节型机械臂由旋转关节和前、下两臂组成。关节型机器人以臂部各相邻部件的相对角位移为运动坐标。其动作灵活，所占空间小，工作范围大，能在狭窄空间内绕过各种障碍物。

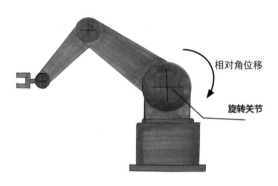

关节型

机械臂的运动学模型

　　机械臂运动的研究涉及速度、加速度以及时间的内容，特别是各个关节彼此之间的关系以及随时间变化的规律。

　　典型的机械臂由一些串行连接的关节和连杆组成。为了便于描述每一个关节的位置，我们在每一个关节设置一个坐标系，对于一个关节链，则需要利用矩阵①来表示各关节之间的关系。

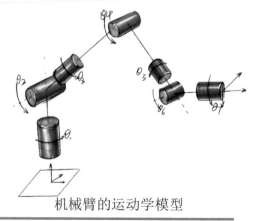

机械臂的运动学模型

---

① 矩阵：一个按照长方阵列排列的数的集合，最早来自方程组的系数及常数构成的方阵，如$A=\begin{Bmatrix} 1 & 2 \\ 3 & 4 \end{Bmatrix}$。

同学们，想一想，在我们日常生活中，什么时候会用到机械臂？

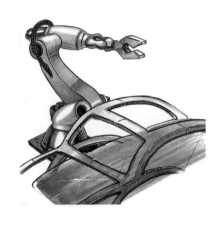

工厂装配　　　　　　　　　　　医疗器械

分析 • Analyze
组成 • Components

同学们，请分析一下，如何操作机械臂完成抓取动作？

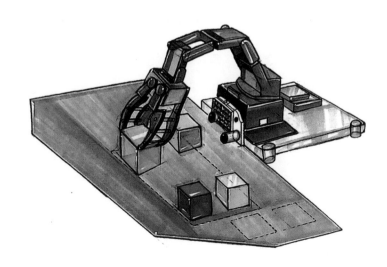

同学们，为了实现控制机械臂移动到固定位置抓取物品，我们采用示教抓取的简化策略。

示教抓取

示教抓取是通过手动操作机械臂移动至模拟位置，再记录下机械臂的转动角度，来反馈调节机械臂的运动模式。

示教抓取需要两个前提：一是机械臂上的舵机具备释力功能，二是机械臂上的舵机具备回读功能。

小知识

舵机释力程序

舵机释力即舵机释放力矩。一般情况下，舵机在接入控制时都会接入电压来维持舵机的角度保持不变。通过编写释力代码，可以将舵机的力矩释放，此时便可手动摆动舵机至任意角度而不损坏舵机本身。释放后默认保持30%的力矩，此时可以用手扳动舵机旋转。在纠正舵机偏差和手动编程时会用到这个功能。

舵机释力的程序模块如下：

> SoftwareSerial ▾ 打印 自动换行 ▾ " #001PULK! "

释放力矩后，我们需要读取舵机当前位置的控制量值，程序模块如下：

> SoftwareSerial ▾ 打印 自动换行 ▾ " #001PRAD! "
> Serial ▾ 打印 不换行 ▾ SoftwareSerial ▾ 读取字符串

通过读取舵机当前位置，我们可以在串口监视器中接收到数据为"#001P1500!"格式的字符串，其中"001"为舵机ID，"1500"为舵机位置控制量。

舵机回读——编程篇

手动回读编程，机械臂进入释力状态后，手动调整机械臂的位置，通过串口监视器，可以回读当前机械臂每个舵机的位置角度。需要注意的是，控制舵机角度回读的程序是通过软串口发送的，而串口监视器上显示的内容，是通过硬串口与计算机之间的通信去显示软串口读到的角度，所以是用"Serial"打印。

软串口通信   硬串口通信

机械臂通信示意图

手动回读程序示例：

通过串口监视器观察数据：

```
📛 COM3

#001P1500!#001P1500!#001P1500!#001P1500!#001P1500!
#001P0750!#001P0750!#001P0750!#001P0750!#001P0750!
#001P1200!#001P1200!#001P1200!#001P1200!#001P1200!
#001P0345!#001P0345!#001P0345!#001P0345!#001P0345!
#001P0148!#001P0148!#001P0148!#001P0148!#001P0148!
```

注：串口通信的不稳定性可能导致接收的字符显示出现问题，但不影响数据的接收。

掌握舵机回读的编程命令及原理后，我们一起来学习如何使用上位机软件进行简单便捷的角度读取吧！使用上位机软件前，按照第80页的方法进行连线。

在计算机上打开串行舵机控制上位机软件后，从左侧串口设置窗口选择新增的COM口，然后点击"打开串口"按钮即可成功连接。

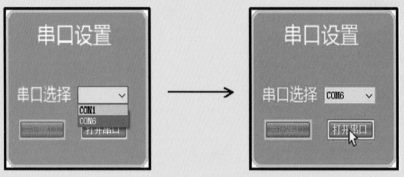

连接成功后，使用手臂控制栏中的释力回读模块进行操作：

点击"全部释放"按钮解除舵机的力矩，然后手动调整机械臂的位置。位置调整完毕后，点击"依次回读"便能读出机械臂每个舵机的角度值。

通过位置控制模块中的"位置保存"和"位置查看"按钮可以记录每组机械臂舵机的数据组，从而简化我们的记录过程，方便快速调节机械臂的位置。

手臂位置数据记录

	序号	舵机1	舵机2	舵机3	舵机4	舵机5
▶	0	1500	1500	1500	1500	1500
*						

清空　　关闭

舵机抓取

在学会舵机位置回读之后，来试着编写一下机械臂的抓取程序吧！

首先，通过Mixly的串口监视器或者上位机软件，获取机械臂位于抓取位置和释放位置时，各个舵机的角度位置，并填入下表。

动作	1号舵机	2号舵机	3号舵机	4号舵机	5号舵机
初始	1500	1500	1500	1500	1500
抓取					
释放					

然后，利用Mixly进行机械臂动作的编程。

初始化
初始化 SoftwareSerial▼ RX# 10▼ TX# 11▼
SoftwareSerial▼ 波特率 115200

使用函数模块定义"初始化状态""抓取状态"和"抬起状态三个机械臂的动作程序：

初始化状态
执行 SoftwareSerial▼ 舵机控制 地址 005 时间 1000 位置 1200
延时 毫秒▼ 500
SoftwareSerial▼ 舵机控制 地址 004 时间 1000 位置 1500
延时 毫秒▼ 500
SoftwareSerial▼ 舵机控制 地址 003 时间 1000 位置 1500
延时 毫秒▼ 500
SoftwareSerial▼ 舵机控制 地址 002 时间 1000 位置 1500
延时 毫秒▼ 500
SoftwareSerial▼ 舵机控制 地址 001 时间 1000 位置 1500
延时 毫秒▼ 500

初始化状态下：优先控制5号舵机（机械爪）张开，然后是机械臂部分2、3、4号舵机移动到初始位置，最后使机械臂的底座回位。

舵机抓取

抓取木块时，先依次移动4、3、2号舵机使机械臂弯曲，最后将5号舵机（机械爪）合拢抓取木块。

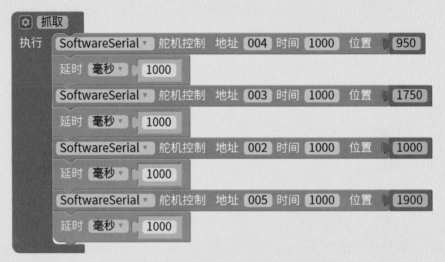

抬起木块时，优先抬起离机械爪较近的4号舵机，然后是3号、2号舵机。让机械臂保持直立状态夹住木块。

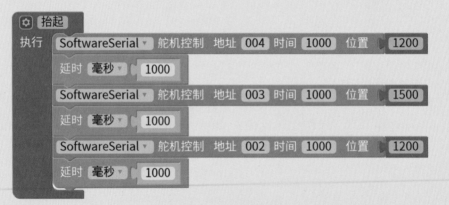

通过将函数模块进行排列完成简单的抓取动作编程。

执行 初始化状态
执行 抓取
执行 抬起
停止程序

拓展 • Expansion
提高 • Improve

同学们，请开拓你们的思维，想一想，通过舵机回读获取的数值，怎样编写能抓取到物品呢？

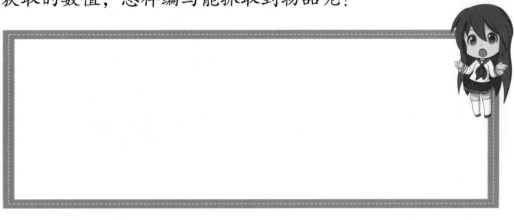

自我评价
Self-evaluation

认识：

收获：

11 颜色识别

这个水果贩售机好厉害呀！它是怎样选出我需要的水果的呢？

在贩售机内部装有颜色识别传感器，它能根据水果的不同颜色识别水果并抓取。

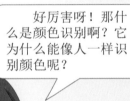

好厉害呀！那什么是颜色识别啊？它为什么能像人一样识别颜色呢？

让我们一起去学习一下有关颜色识别的知识吧！

同学们，你们对颜色识别有了解吗？

定义

颜色识别传感器：将物体颜色与输入的RGB颜色进行比较来检测物体颜色的传感器，当两种颜色在一定的误差范围内相吻合时，输出检测结果。

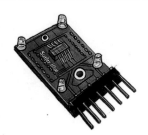

颜色识别传感器

小知识

人为什么能看到物体的颜色？

人眼的视网膜上有两种感光细胞：一种叫视杆细胞，它对光的强弱非常敏感，但不能区分不同波长的光；另一种叫视锥细胞，可以区分出不同光波的长度。人眼依靠视锥细胞分辨颜色。

人类能识别物体的颜色有三个条件：光线、被观察的对象以及观察者。颜色是由人眼看到的被观察对象吸收或者反射不同波长的光波形成的。

例如，在一个晴朗的日子里，我们看到阳光下的某物体呈现红色时，那是因为该物体吸收了其他波长的光，把红色波长的光反射到了我们眼里。

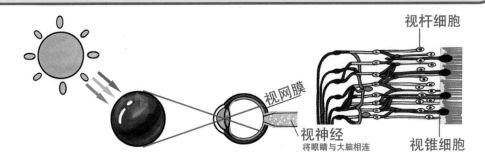

人眼分辨物体颜色原理图

　　本书使用的是全彩颜色传感器，包括4个白色LED灯和1块RGB感应芯片。

　　白色LED灯能提供入射光源，在强白光的照射下，物体表面的反射光强度大有利于读取光波信息。RGB感应芯片由64个颜色滤波器组成(64个颜色滤波器平均分为4种，分别可以透过红光、绿光、蓝光和所有光)，能在一定的范围内检测和测量几乎所有的可见光。

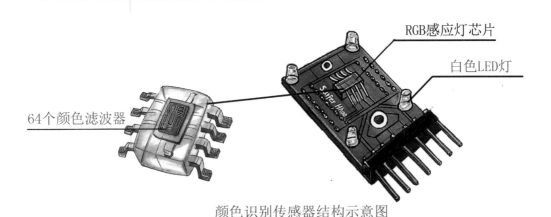

64个颜色滤波器

RGB感应灯芯片

白色LED灯

颜色识别传感器结构示意图

　　自然界中所有的颜色都可以用红、绿、蓝(RGB)三种颜色波长的不同强度组合而得，如果知道构成各种颜色的三原色的值，就能知道所测试物体的颜色。

颜色(C):		
颜色模式(D):	RGB	
红色(R):	238	
绿色(G):	103	
蓝色(B):	210	

　　对于TCS3200颜色识别传感器来说，当选定一个颜色滤波器时，它只允许某种特定的原色通过，阻止其他原色通过。例如，当选择红色滤波器时，入射光中只有红色可以通过，蓝色和绿色都被阻止，这样就可以得到红色光的光强；同理，选择其他的滤波器，就可以得到蓝色光和绿色光的光强。通过这三个光强值，就可以分析出反射到TCS3200传感器上的光的颜色。

同学们，想一想，在我们日常生活中，什么时候会用到颜色识别传感器机呢？

图像扫描仪

快递分拣系统

同学们，请分析一下，颜色识别系统是由哪些部件构成的。

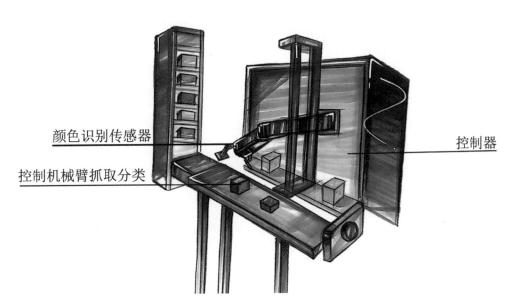

颜色识别传感器

控制器

控制机械臂抓取分类

设计 · Design
创新 · Creation

同学们，让我们一起利用今天所学的知识让机械臂识别木块的颜色吧！

颜色识别传感器 — Arduino
S0 — 27
S1 — 28
S2 — 29
S3 — 30
LED — 31
OUT — 19

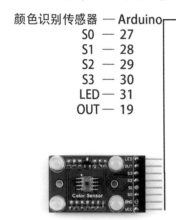

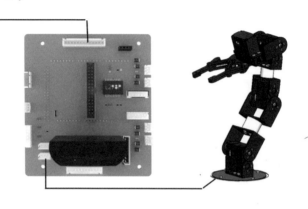

颜色识别程序

首先我们打开Mixly软件，在 📲 传感器 模块菜单中找到颜色识别模块，将S0、S1、S2、S3、LED、OUT分别改成27、28、29、30、31、19。

初始化 TCS230 S0 [27▾] S1 [28▾] S2 [29▾] S3 [30▾] LED [31▾] OUT [19▾]

在控制模块中找到判断语句拖拽至编程区，点击蓝色齿轮将判断语句拼成如下格式：

在 📲 传感器 模块中找到 TCS230 获取 红色▾ 获取传感器识别颜色模块，进行程序拼接：如果颜色识别传感器识别到红色积木，在串口监视器打印"红色"；如果颜色识别传感器识别到蓝色积木，在串口监视器打印"蓝色"。

注意：在将颜色识别程序上传到控制器之前，需要用一张白色卡片覆盖在颜色识别传感器的上方进行"白平衡"操作，待程序上传成功3s后，再将白色卡片取下来，这个步骤的目的是告诉传感器什么是白色，为后续颜色识别做准备。

白平衡操作

分类抓取程序

通过上位机软件进行示教抓取，将机械臂抓取木块并放到不同摆放位置时的舵机控制角度参数填入下方表格中。需要记录的数据包括：①机械臂初始状态位置；②机械臂抓取木块位置；③机械臂识别木块颜色位置；④放置红色木块位置；⑤放置蓝色木块位置。

项目	1号舵机	2号舵机	3号舵机	4号舵机	5号舵机
初始	1500	1500	1500	1500	1500
抓取					
识别颜色					
红色放置					
蓝色放置					

分类抓取功能：夹取积木块，通过颜色识别传感器判断颜色后，放在相应位置。

打开Mixly软件，在函数模块中找到函数命名框并拖拽至编程区改名为初始化状态，如图所示。

结合示教模式的舵机位置数据可以编写出初始化状态①的函数程序，如图所示。

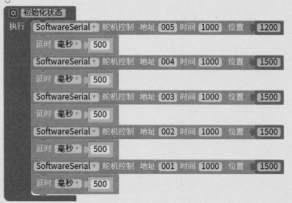

通过示教模式可以得出抓取状态下各舵机的位置角度。

项目	1号舵机	2号舵机	3号舵机	4号舵机	5号舵机
抓取	1500	1000	1750	950	1900

结合示教模式的舵机位置数据可以编写出抓取状态②的函数程序，如图所示。

① 初始状态也作为进行一系列动作之后的收尾动作，因此有必要使用延时模块来规定机械臂先移动4、5号舵机，然后进行1、2、3号舵机移动。
② 抓取状态需要控制2、3、4号舵机移动到木块位置，使用延时模块控制5号舵机即机械爪抓取木块。

分类抓取程序

通过示教模式可以得出识别状态时舵机位置如下：

项目	1号舵机	2号舵机	3号舵机	4号舵机	5号舵机
识别转移	—	1450	1700	1400	—
识别颜色	670	—	2050	800	—

结合示教模式的舵机位置数据可以编写出识别状态①的函数程序，如图所示。

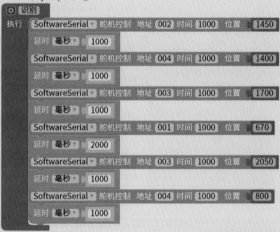

通过示教模式可以得出摆放蓝色木块时舵机的状态如下：

项目	1号舵机	2号舵机	3号舵机	4号舵机	5号舵机
蓝色摆放	800	900	1500	900	1200

结合示教模式的舵机位置数据可以编写出摆放蓝色木块的函数程序，如图所示。

---

① 识别状态需经过两次动作转换：转移到识别位置和识别颜色。

通过示教模式可以得出摆放红色木块时舵机的状态如下：

项 目	1号舵机	2号舵机	3号舵机	4号舵机	5号舵机
红色摆放	2100	900	1500	900	1200

结合示教模式的舵机位置数据可以编写出摆放红色木块的函数程序，如图所示。

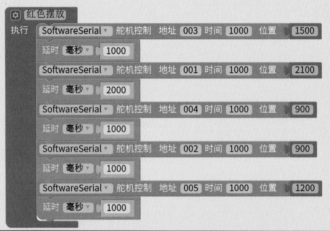

分类抓取过程示意图

最后通过判断语句来识别两种颜色的木块放入位置：

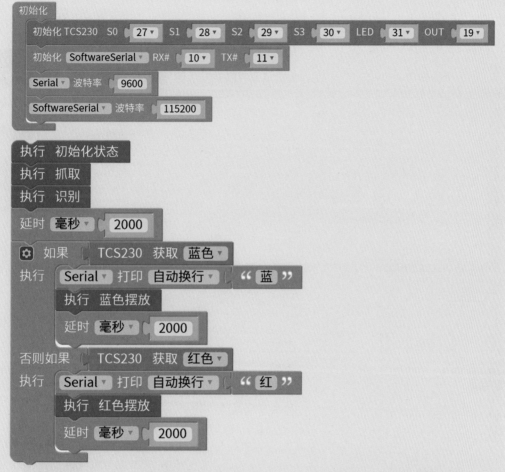

根据程序：如果颜色识别传感器识别到红色时，机械臂将木块放入红色区域；如果颜色识别传感器识别到蓝色时，机械臂将木块放入蓝色区域。

颜色识别总结

通过机械臂抓取木块进行颜色识别区分木块颜色的过程，并非只是单独地使用示教模式记录几组固定点位就能轻松完成。使用机械臂抓取木块移动，需要同学们考量机械臂在运动过程中是否会发生碰撞。

拓展·Expansion
提高·Improve

　　同学们，请开拓你们的思维，想一想，如果识别多个相同颜色的木块该如何操作？

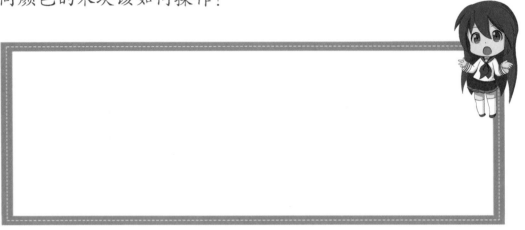

自我评价
Self-evaluation

认识：

收获：

12 识别码垛

小禾，这个机械臂好厉害呀，已经可以进行颜色分类啦！

这都是因为它使用了颜色识别传感器啦！它现在不仅能识别颜色进行分类，还能把相同颜色的箱子叠起来呢！

机械臂是如何把相同颜色的箱子叠高的呢？

这就是识别码垛功能，让我们一起去探索吧！

同学们，你们对机械臂的识别码垛功能有所了解吗？

> **定义**
>
> **识别码垛技术**：利用颜色识别或图像识别技术，知道货物属性后，机械臂按照预先设定好的路程轨迹进行货物叠放的技术，是机械与计算机程序有机结合的产物。

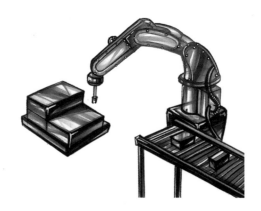

码垛机器人

> **小知识**
>
> **机械臂的动作规划与控制**
>
> 想要机械臂按照我们设定好的动作去执行工作任务，本质上是控制机械臂的单个关节（舵机）和多个关节的动作规划。
>
> 把机械臂的复杂任务分解成一系列简单任务，称为任务规划。再将机械臂的每个简单任务分解成一系列动作，称为动作规划（动作组）。所有的动作规划，目的只有一个：让机械臂的末端执行器沿着特定的空间路径从起点走向终点。
>
> 在此过程中，如果先知道每个关节（舵机）转动的角度，就可以求出末端执行器的位置和朝向，这被称为正运动学解；如果先知道末端执行器的终点位置和朝向，计算出从起点开始，机械臂各个关节（舵机）需要旋转的角度，进而控制机械臂从起点到终点的动作姿态和路径，则被称为逆运动学解。

思考 · Consider
　　应用 · Application

　　同学们，想一想，码垛机器人可以在哪里发挥作用？

仓储物流快递码放

协作进行物料分拣

 分析 · Analyze
　　组成 · Components

　　同学们，请分析一下，机械臂的识别码垛功能主要由哪些部分实现的。

指令发送

控制移动

Arduino主控板　　　　　　主驱动板　　　　　　各级舵机

设计 • Design
创新 • Creation

同学们，让我们一起动手让机械臂实现识别码垛控制吧！

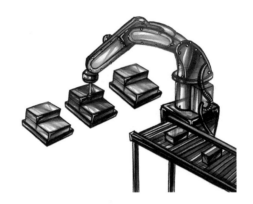

机械臂识别码垛功能示意图

确立动作组和舵机角度

　　首先，确定机械臂的初始位置，然后通过示教模式下，角度回读的方法（详见第10课），确定机械臂位于抓取位置时5个舵机的角度；再确定机械臂抓着木块去颜色识别传感器识别木块颜色时5个舵机的角度；最后分别确定机械臂放置木块在红色和蓝色区域时5个舵机的角度，以及放置第二层时舵机的角度。根据角度回读情况，填写下表。

机械臂位置	舵机ID1	舵机ID2	舵机ID3	舵机ID4	舵机ID5
初始化					
抓取木块					
识别转移					
识别颜色					
摆放红色一层					
摆放红色二层					
摆放蓝色区					

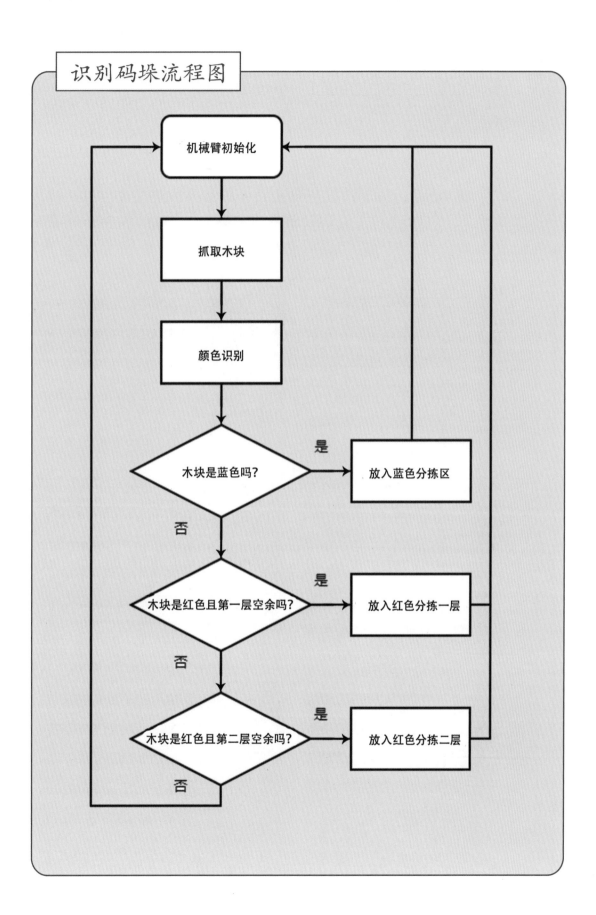

识别码垛流程图

机械臂初始化

抓取木块

颜色识别

木块是蓝色吗? —是→ 放入蓝色分拣区

否

木块是红色且第一层空余吗? —是→ 放入红色分拣一层

否

木块是红色且第二层空余吗? —是→ 放入红色分拣二层

否

机械臂识别码垛功能

程序解释

　　由于舵机动作的编辑语句冗长，放在程序里不容易理解，可以使用函数的方法简化程序，增加程序的可读性。

　　需要注意的是，为了让机械臂区别盒子第一层是否被占用，引入状态变量"红色计数"，该变量等于"0"时表示红盒子一层为空，等于"1"时表示红盒子一层为满。

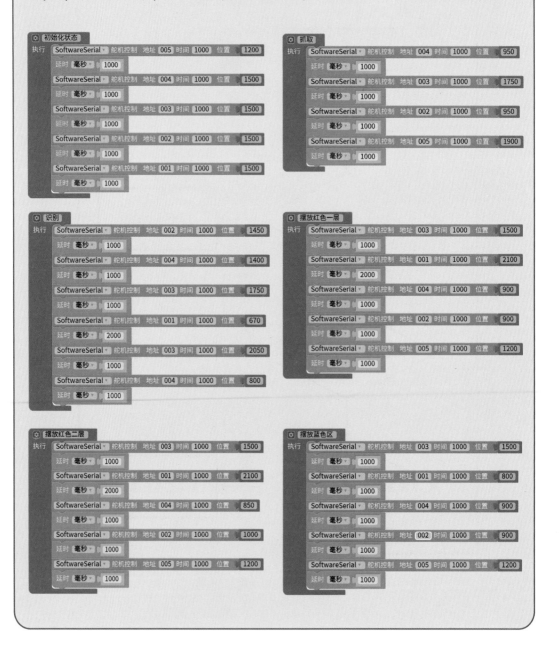

机械臂识别码垛功能

初始化
> 初始化 TCS230 S0 [27▾] S1 [28▾] S2 [29▾] S3 [30▾] LED [31▾] OUT [19▾]
> 初始化 [SoftwareSerial▾] RX# [10▾] TX# [11▾]
> [Serial▾] 波特率 [9600]
> [SoftwareSerial▾] 波特率 [115200]
> 声明 [全局变量▾] [红色计数] 为 [整数▾] 并赋值 [0]

执行 初始化状态
执行 抓取
执行 识别
延时 [毫秒▾] [1000]
执行 识别程序

⚙ 识别程序
执行   ⚙ 如果   TCS230 获取 [蓝色▾]
>   执行   执行 摆放蓝色区
>   延时 [毫秒▾] [1000]
>   否则如果   TCS230 获取 [红色▾] 且▾ [红色计数] [=▾] [0]
>   执行   [红色计数] 赋值为 [1]
>   执行 摆放红色一层
>   延时 [毫秒▾] [1000]
>   否则如果   TCS230 获取 [红色▾] 且▾ [红色计数] [=▾] [1]
>   执行   [红色计数] 赋值为 [2]
>   执行 摆放红色二层
>   延时 [毫秒▾] [1000]

115

拓展 • Expansion
提高 • Improve

同学们，请开拓你们的思维，想一想，通过示教的方式教机械臂识别码垛属于正运动学控制，还是逆运动学控制？

自我评价
Self-evaluation

认识：
_____

_____

收获：
_____

_____

13 手柄控制

啮，小禾这个手柄好酷呀，没有线也能控制机器人。

那是因为机器人上装有蓝牙模块，可以无线传输信号。

什么是蓝牙模块啊？为什么装上这个模块就可以控制机器人的动作了呢？

让我们一起去学习一下有关蓝牙手柄控制系统的知识吧！

同学们，你们对蓝牙手柄控制有了解吗？

定义

　　蓝牙技术：蓝牙（Bluetooth）是一种短距离无线技术标准，具有开放的技术规范，可实现固定设备、移动设备之间短距离的无线语音和数据通信。

蓝牙模块

蓝牙技术的特点

　　（1）全球范围适用：蓝牙工作在2.4~2.4835 GHz的免费工业频段，频段内划分为79个信道，所有蓝牙设备遵循相同的全球性开放式技术规范，适用范围广。

　　（2）抗干扰能力：工作在免费工业频段的无线电设备有很多种，如家用微波炉、Wi-Fi等产品，为了很好地抵抗来自这些设备的干扰，蓝牙采用跳频的传输模式。即收发双方以每秒1 600次的速率，遵循跳频序列，在79个频道上同步切换。

　　（3）主从模式：蓝牙在主设备模式下可以对周围设备进行搜索并选择需要连接的从设备进行连接。从机模式下的蓝牙模块只能被主机搜索，不能主动搜索。从设备跟主机连接以后，也可以和主机设备进行发送和接收数据。

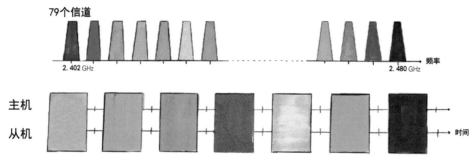

蓝牙设备跳频通信原理示意图

PS2手柄采用的是2.4G蓝牙技术，遥控距离最大可达20 m，手柄接收器装在Arduino控制板上，用于接收手柄发送的蓝牙信号并通过串口通信传递给Arduino控制器。这样蓝牙手柄就能对机械臂进行操控了。

手柄控制机械臂

接收器管脚定义

① DI/DAT：信号方向从手柄到主机，此信号是一个8 bit的串行数据，用于发送手柄对机械臂的控制信号。

② DO/CMD：信号流向从主机到手柄，此信号和DI相对，信号是一个8 bit的串行数据，用于接收机械臂对手柄的反馈信号。

③ 空端口。

④ GND：电源地。

⑤ VDD：接收器工作电源，3~5 V。

⑥ CS/SEL：用于提供手柄触发信号，在通信期间，处于低电平。

⑦ CLK：时钟信号，由主机发出，用于保持数据同步。

蓝牙手柄接收器管脚定义图

同学们，想一想，在我们日常生活中，什么地方应用到了蓝牙技术？

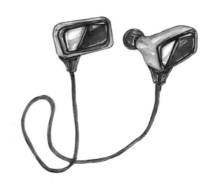

蓝牙音箱　　　　　　　　　　　蓝牙耳机

同学们，请分析一下，Arduino是如何与蓝牙接收器相连的。

蓝牙接收器—Arduino
DAT — D32
COM — D33
CS — D34
CLK — D35

蓝牙接收器

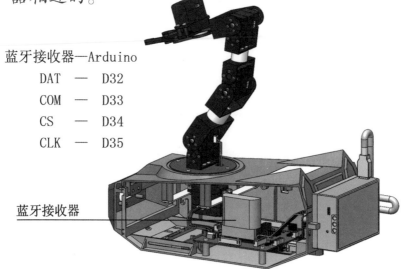

设计・Design
创新・Creation

同学们，让我们一起动手利用今天所学的知识使用手柄控制机械臂吧！

手柄控制程序

打开Mixly软件， 模块菜单中选择手柄的模块组。手柄程序模块一共分为5种，我们一起来学习一下吧！

手柄初始化模块作为手柄接收配置模块，用于配置手柄接收器与Arduino控制板的管脚连接。

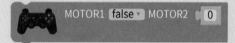

手柄震动马达模块用于调节手柄开启或关闭手柄震动，"true"和"1"表示开启手柄震动，"false"和"0"表示关闭手柄震动。

操作模块分为三种：第一种是可以添加按下或松开状态指令的按键模块，第二种是控制左右摇杆上下左右移动的模块，第三种是控制各种按键的模块。其中第一种可以直接代入判断程序使用，第二种和第三种需要配合比较公式模块使用。每一种都可以通过下拉三角选择具体要定义的按键。

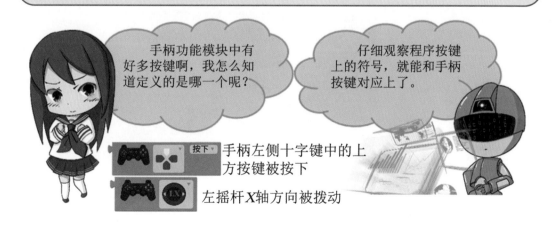

手柄功能模块中有好多按键啊，我怎么知道定义的是哪一个呢？

仔细观察程序按键上的符号，就能和手柄按键对应上了。

手柄左侧十字键中的上方按键被按下

左摇杆X轴方向被拨动

设计・Design
创新・Creation

　　手柄摇杆的本质就是电位计和开关的组合，通过电位计控制模拟信号输出。摇杆输出的模拟信号范围值为0～255，摇杆居中状态为127，向上推动摇杆模拟量会从127慢慢缩减至0；向下推动摇杆，模拟量会从127慢慢增加至255。

以竖直方向为参照摇杆位置与模拟信号输出关系图

摇杆动作控制1

　　通过 控制 块中的判断语句 如果 执行 和 逻辑 模块中的 来判断手柄摇杆的推动方向以及机械臂的运动，如图所示。

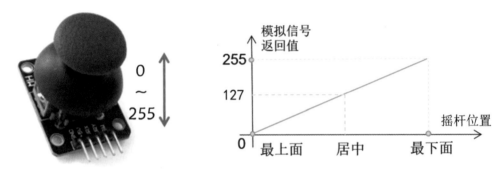

　　程序解释：向下拨动摇杆，机械臂转动；停止拨动，机械臂回归初始位置。

在数学里，具有某种特定性质的事物的总体称为集合。如果两个集合里面的元素存在一一对应的关系，那么这种相互对应的关系称为映射。

比如，舵机可以旋转的所有实际角度0°~270°就是一个集合。控制舵机旋转的角度位置500~2500也是一个集合。摇杆移动的模拟量范围0~255还是一个集合。它们之间存在的对应关系，就是一种映射。

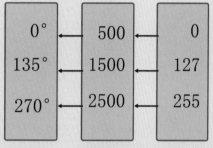

舵机旋转　控制舵机的　摇杆的模
实际角度　角度位置　拟量范围

通过  模块里的映射程序：

将摇杆移动的模拟量与舵机的旋转角度相关联，来实现通过摇杆控制机械臂的旋转运动，如下图所示，将PS2手柄摇杆的模拟量0~255映射到舵机的旋转角度位置500~2500（对应0°~270°）。

由于串行舵机的指令由一条串口指令构成，所以我们如果需要修改指令的旋转数值，需要引入一个变量。在 变量 模块中取出声明变量程序：

通过声明变量程序设置一个变量A，使变量A作为从摇杆输出值映射到舵机运行的角度位置。

摇杆动作控制机械臂程序

整体的摇杆映射程序如图所示。

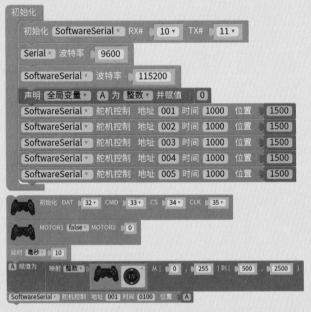

首先，通过串口模块定义舵机的通信串口，RX和TX分别对应10号和11号管脚。波特率分为9600和115200两种模式，Serial作为监测通道，SoftwareSerial作为机械臂舵机与控制板之间的串口通信通道。

其次，使用PS2手柄模块定义手柄接收器连接通道，DAT、CMD、CS、CLK分别对应32、33、34、35号管脚，然后将控制器状态置于MOTOR1为"false"，MOTOR2为"0"。

最后，通过声明变量的方式，将摇杆数值（0~255）映射为舵机的角度位置信号（500~2500），再通过软串口通信将舵机可接收的字符串指令（舵机的地址、时间和位置信息）发送给串行舵机，使串行舵机根据PS2手柄摇杆的指令进行移动。

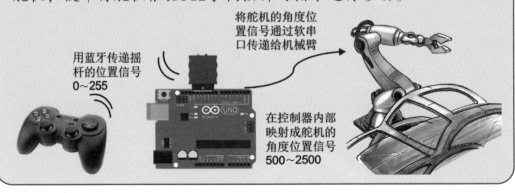

用蓝牙传递摇杆的位置信号 0~255

将舵机的角度位置信号通过软串口传递给机械臂

在控制器内部映射成舵机的角度位置信号 500~2500

从以上内容我们可以得知，使用手柄摇杆控制机械臂上的舵机运动时，可以运用映射模块将手柄摇杆的偏移量来对应舵机的角度偏转。那么如何使用按键来控制机械臂上的舵机运动呢？

首先通过自定义一个变量A作为舵机转动的角度位置值（一般我们设置为舵机角度的中间位置），然后将A带入舵机控制模块中。

声明 全局变量▼ A 为 整数▼ 并赋值 1500
SoftwareSerial▼ 舵机控制 地址 005 时间 1000 位置 A

通过判断模块：如果按下"三角"按键，舵机的角度位置值增加100并转动到增加后的角度位置；如果按下"叉号"按键，舵机的角度位置值减少100并转动到减少之后的角度位置。

如果 🎮 △ 按下 且▼ C ≤ 2200
执行 C 赋值为 C + 100
SoftwareSerial▼ 舵机控制 地址 003 时间 0500 位置 C

如果 🎮 ✕ 按下 且▼ C ≥ 700
执行 C 赋值为 C − 100
SoftwareSerial▼ 舵机控制 地址 003 时间 0500 位置 C

程序编写、上传完毕之后，检查蓝牙手柄接收器是否插牢，机械臂电源是否打开。确认无误后，打开手柄侧面的电源按钮，手柄和接收器自动配对。配对成功后，接收器RX指示灯常亮，此时手柄可正常控制机械臂了。

RS指示灯
电源指示灯
手柄电源开关

在初始化模块组中除去之前需要准备的舵机串口通信模块，需要依次定义A、B、C、D、E 5个变量作为5个舵机的角度位置值，然后通过舵机控制模块进行舵机的初始化位置校准，使机械臂每次启动都从同一个位置准备就绪。

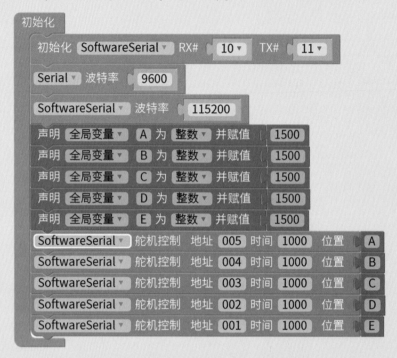

下面为ID1～ID5共5组舵机的按键控制程序(程序中加入了位置限定条件，防止舵机转出范围值影响精准度)：

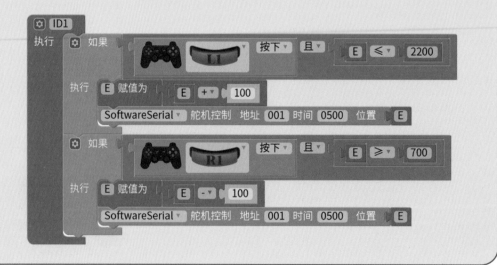

手柄控制机械臂例程

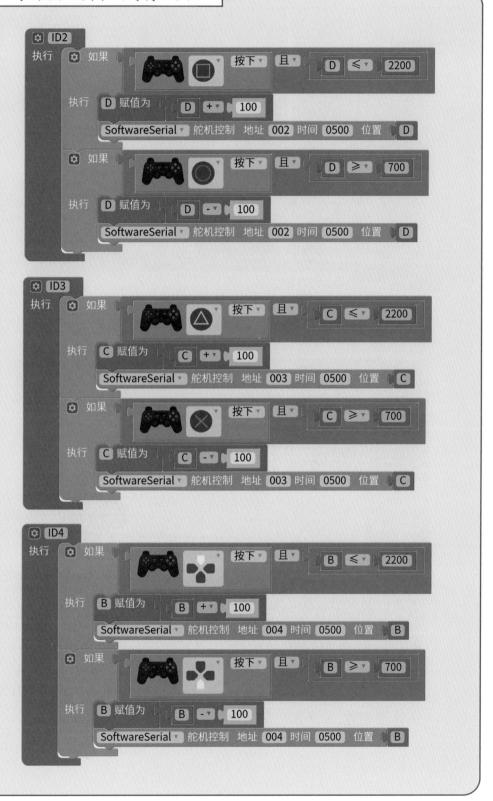

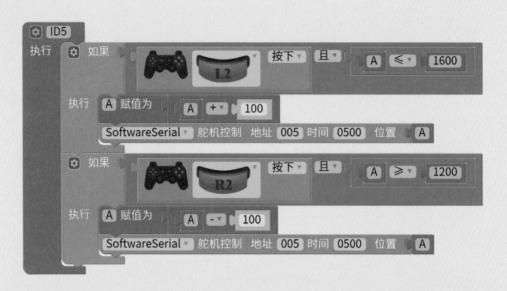

ID5舵机为机械爪舵机，其限制距离偏小，可以防止机械爪变形。

　　主程序即手柄的连接配置以及1~5号舵机的手柄按键控制程序（图中的延时模块用于手柄连接，防止手柄连接控制机械臂不稳定）。

拓展・Expansion
提高・improve

　　同学们，请开拓你们的思维，想一想，如何实现使用单个按键控制机械臂组运动？

自我评价
Self-evaluation

认识：
_____

_____

收获：
_____

_____

14 车臂整合

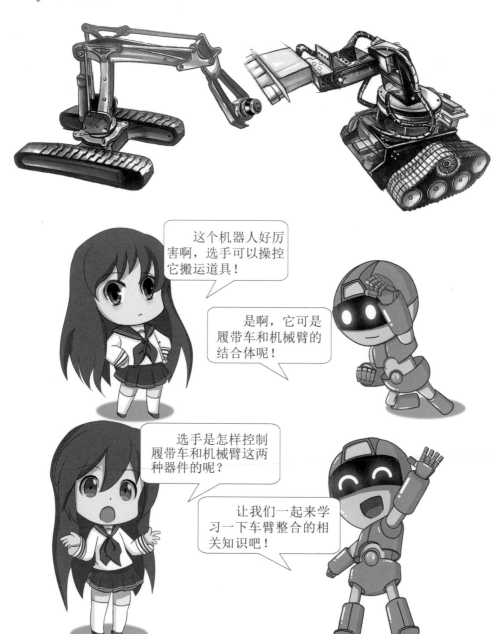

这个机器人好厉害啊，选手可以操控它搬运道具！

是啊，它可是履带车和机械臂的结合体呢！

选手是怎样控制履带车和机械臂这两种器件的呢？

让我们一起来学习一下车臂整合的相关知识吧！

同学们，你们对双控编程有所了解吗？

同学们，请分析一下，机械臂履带车是如何组装的（具体拼装步骤请参阅附录）。

机械臂部分

履带车部分

哎呀，机械臂履带车的组装好复杂呀，我都不知道如何下手。

小新不要着急，我们有机械臂履带车每一步的拼搭动画，赶快扫描二维码获取吧！

设计 · Design
创新 · Creation

同学们，让我们一起动手利用今天所学的知识使用手柄控制带机械臂的履带车吧！

手柄控制履带车部分

首先打开Mixly软件，根据之前学习的内容，将履带车的车体运动程序"前进""后退""左转""右转"以函数的形式写下来，方法如下所示。打开 fx 函数 模块并命名函数：

然后在 输入/输出 模块中提出模拟赋值和数字输出模块，放在"前进""后退""左转""右转"函数内。以"前进"函数为例，如图所示：

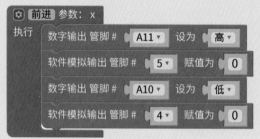

这两个位置的参数决定了履带车的速度，取值范围是0~255，数值越大速度越快。

最后为刚建立的履带车运动函数添加参数命令，这是为了利用PS2手柄中摇杆的偏移量控制履带车的转速。

点击履带车运动函数左上方的齿轮按钮 ，并在函数输入框中添加一组参数"X"，然后在 X 处找到参数 变量 ，用"X"来代替具体的速度赋值：

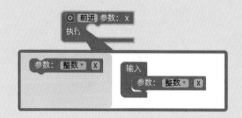  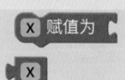

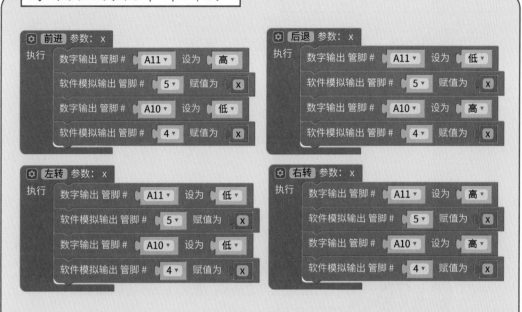

接下来通过两个摇杆控制函数来控制左右摇杆的偏移量：摇杆的拨动范围是0~255，通过这两个摇杆函数来控制履带车移动的速度。

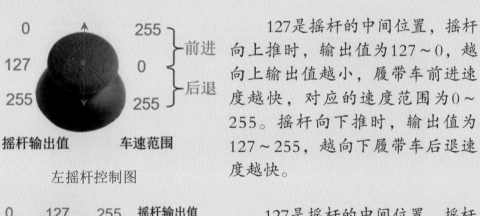

摇杆输出值　　　　车速范围

左摇杆控制图

127是摇杆的中间位置，摇杆向上推时，输出值为127～0，越向上输出值越小，履带车前进速度越快，对应的速度范围为0～255。摇杆向下推时，输出值为127～255，越向下履带车后退速度越快。

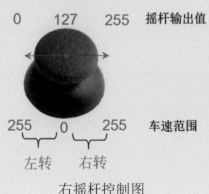

右摇杆控制图

127是摇杆的中间位置，摇杆向左推时，输出值为127～0，越向左输出值越小，履带车左转速度越快，对应的速度范围为0～255。摇杆向右推时，输出值为127～255，越向右履带车右转速度越快。

手柄控制履带车部分

摇杆的输出量对应的车速控制公式为：

当摇杆输出值大于127（中间位置输出值）时：

车速＝（摇杆的输出值−127）×2

当摇杆输出值小于127（中间位置输出值）时：

车速＝（127−摇杆的输出值）×2

小知识

通过创建函数的方式，不仅可以将履带车的移动方式封装起来，也能简化其他程序模块。通过函数的创建，既可以简化编程书写，又可以使程序变得简单、通俗易懂。

按照之前编写履带车前进后退函数的模式，添加一个小车停止状态的模块程序，使小车在没有手柄操控，或者只是轻微移动的情况下保持静止状态。

为防止履带车频繁改变运动状态，将117～138设置为摇杆的"死区"，摇杆在死区内的操作是无法让履带车运动起来的。整个车体的移动是通过判断左摇杆或右摇杆的偏移量，并映射到履带车的电机转速上来实现的。

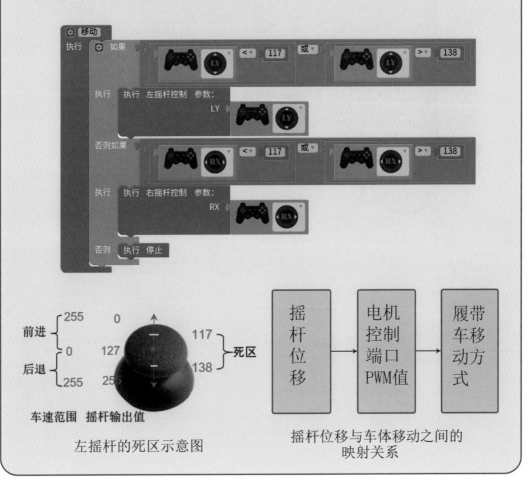

左摇杆的死区示意图

摇杆位移与车体移动之间的映射关系

通过前面的学习，我们已经掌握了使用PS2手柄的按键来控制机械臂运动，下面结合本节的知识点，将履带车与机械臂合并起来吧！

车臂整合部分

初始化部分程序模块：包含舵机的串行通信连接、5个舵机PWM变量声明、5组舵机的初始化角度设置以及履带车的初始停止状态。

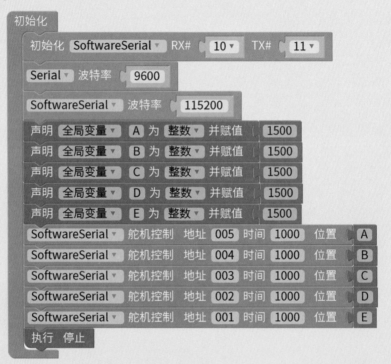

履带车移动部分程序模块包含前进、后退、左转、右转以及停止的状态函数模块，增加调节履带车运行速度的参数X来控制车辆速度。

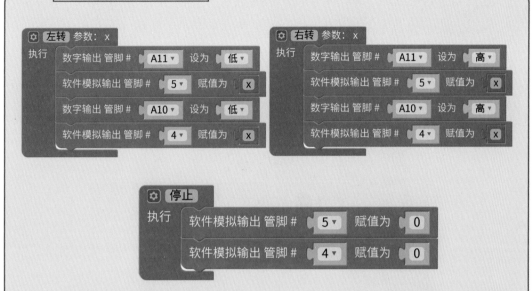

接下来通过两个摇杆函数来控制左右摇杆的偏移量（摇杆的波动范围是0~255），从而控制履带车移动的速度。

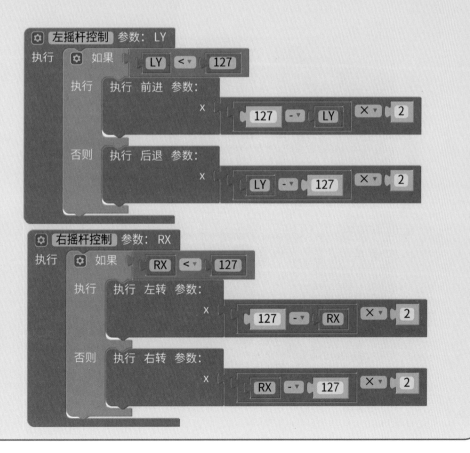

　　摇杆控制履带车移动程序模块：通过左摇杆的上下移动控制履带车的前进和后退，右摇杆的左右移动控制履带车的左转和右转。

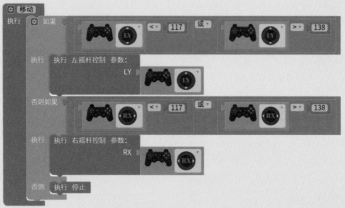

　　ID1、ID2程序模块：包含1、2号舵机的手柄按键控制程序，控制机械臂底盘的左右移动和机械臂大臂的前后移动。

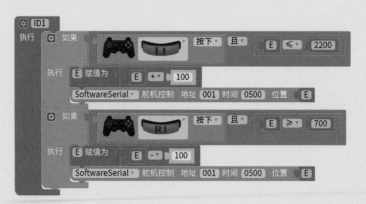

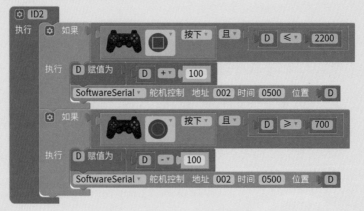

ID3、ID4、ID5程序模块：包含3、4、5号机械臂的前后角度调整，方便进行物品抓取。

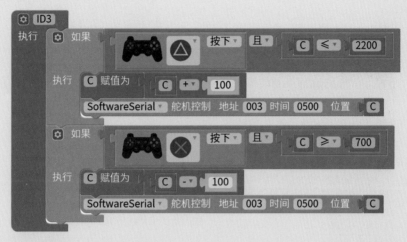

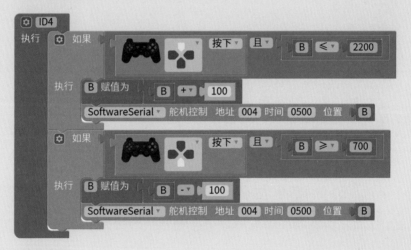

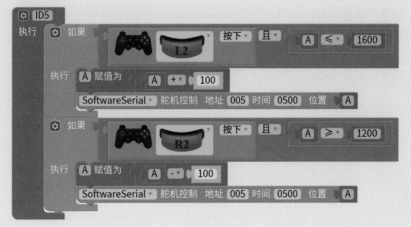

主程序程序模块：5号舵机为机械爪舵机，通过手柄的L2、R2按键抓取物品。主程序包含PS2手柄的连接配置、1～5号舵机机械臂的按键配置以及履带车移动的摇杆配置。

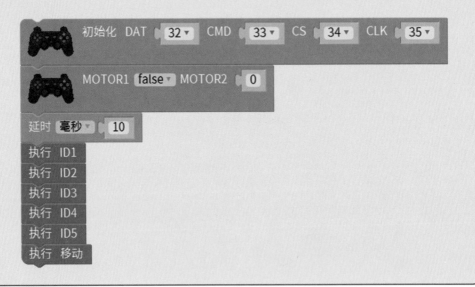

 拓宽·Expansion
提高·Improve

同学们，请开拓你们的思维，想一想，如果需要自动控制带机械臂的履带车，该如何编写程序呢？

15 机械臂履带车场地任务

小新，你怎么操作机械臂履带车在屋子里面乱跑呢？

嘻嘻，我觉得最近学习了很多机械臂履带车的综合知识，想自己练练手！

那我们一起设计个场地，来做一些挑战任务吧！

好呀！现在机械臂履带车可以由我自己控制抓取搬运物品了，小禾就帮我设计一个复杂的场地任务吧！

同学们，让我们一起来设计这个有趣的场地任务吧！

141

搜索・Search
答案・Answer

任务目标

　　使用PS2手柄控制机械臂履带车搬运物品，依照指定路径行进并将货物放置在锅炉旁。

任务示意图

　　面对复杂问题，可以按照功能将系统解构，分析每种功能的实现方法，保证实现最主要的功能，其他功能再逐步整合在一起，形成完整的功能。

　　功能太复杂了，突然有些不知如何下手。

任务拆解	所需器件	管脚定义
车体运动功能	驱动电机×2	左电机：A11管脚控制方向，高电平前进低电平后退。5号控制速度0~255，数值越大，速度越快 右电机：A10号控制方向，4号管脚控制速度
抓取功能	舵机×2	ID号码：1~5 RX-D10 TX-D11
手柄控制	PS2手柄×1	接入32、33、34、35号

机械臂履带车的功能主要是，通过PS2手柄的摇杆控制履带车的前后左右移动，通过PS2手柄的按键控制机械臂的抓取和弯曲。具体代码如下：

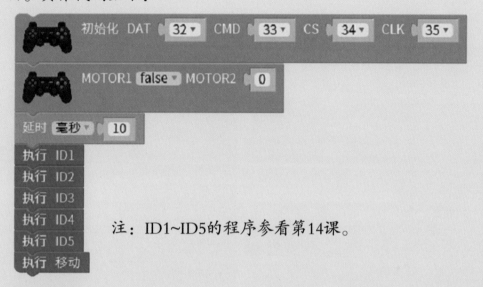

注：ID1~ID5的程序参看第14课。

程序解释

使用PS2手柄模块定义手柄接收器连接通道，左右摇杆分别对应履带车的前后和左右移动；按键分别对应机械臂的抓取和弯曲。

　　PS2手柄摇杆控制履带车的主要调试内容是履带车的车速和转弯的灵活度。通过编程将车速设置为未知数x并与摇杆的偏移量相关联，我们在使用手柄摇杆控制履带车移动时，拨动摇杆的偏移量越大，车速越快。具体代码如下：

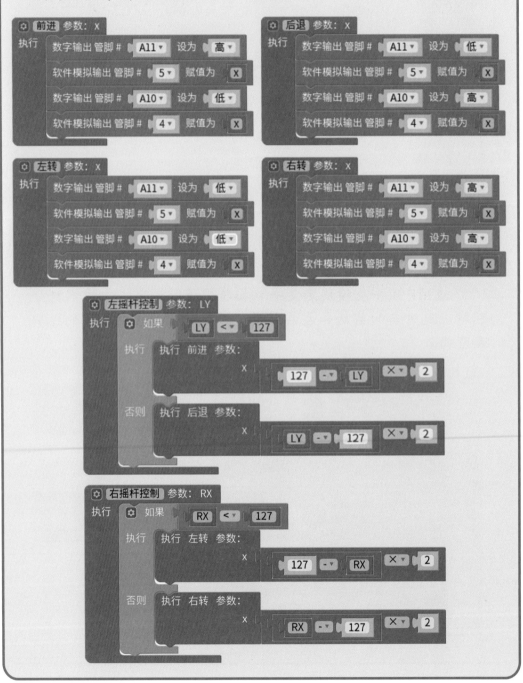

　　PS2手柄按键控制机械臂时，通过按键按钮来改变串行舵机的弯曲角度或夹取状态。舵机具体代码如下：

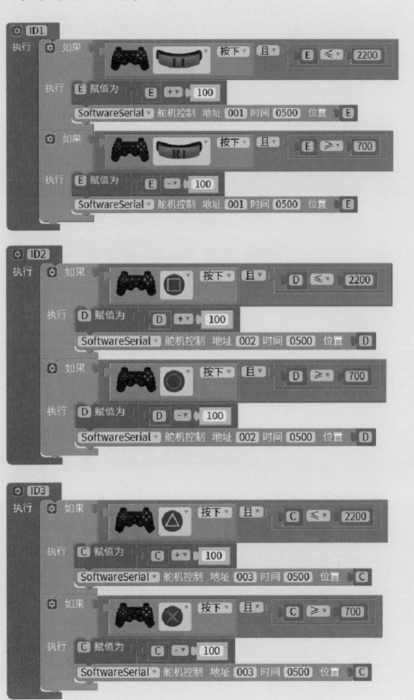

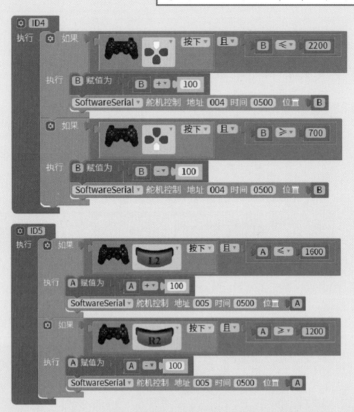

　　上节课讲过，每个舵机都是由一组按键进行控制的，可以进行顺时针、逆时针两个方向的运动。可以通过控制舵机的转向，来控制整个机械臂的运动。我们将舵机的通信和舵机的初始化角度放入初始模块，具体代码如下：

接下来我们通过地图上的任务来进一步规划操作履带车移动的路线和手柄操控顺序：

分析地图，我们设计场地任务：履带车从智能工厂抓取货物出发，沿着黑色路径行进，到终点后，通过机械臂将货物放置在锅炉旁。

小知识

（1）抓取货物前，首先将机械爪打开，然后优先调整1号舵机的角度，确保机械臂的方向对准货物。

（2）抓取货物时，优先调整2、3号舵机的角度，然后微调4号舵机的角度，最后使用5号舵机抓取。

（3）搬运货物时，尽量保持机械臂的收缩状态，机械臂伸展过高容易导致重心不稳，将货物抛出。

拓展 • Expansion
提高 • Improve

同学们，请开拓你们的思维，想一想，如果在手柄控制阶段加入自动控制按钮来切换至循线模式，该如何操作呢？

自我评价
Self-evaluation

认识：

收获：

16 自由创作

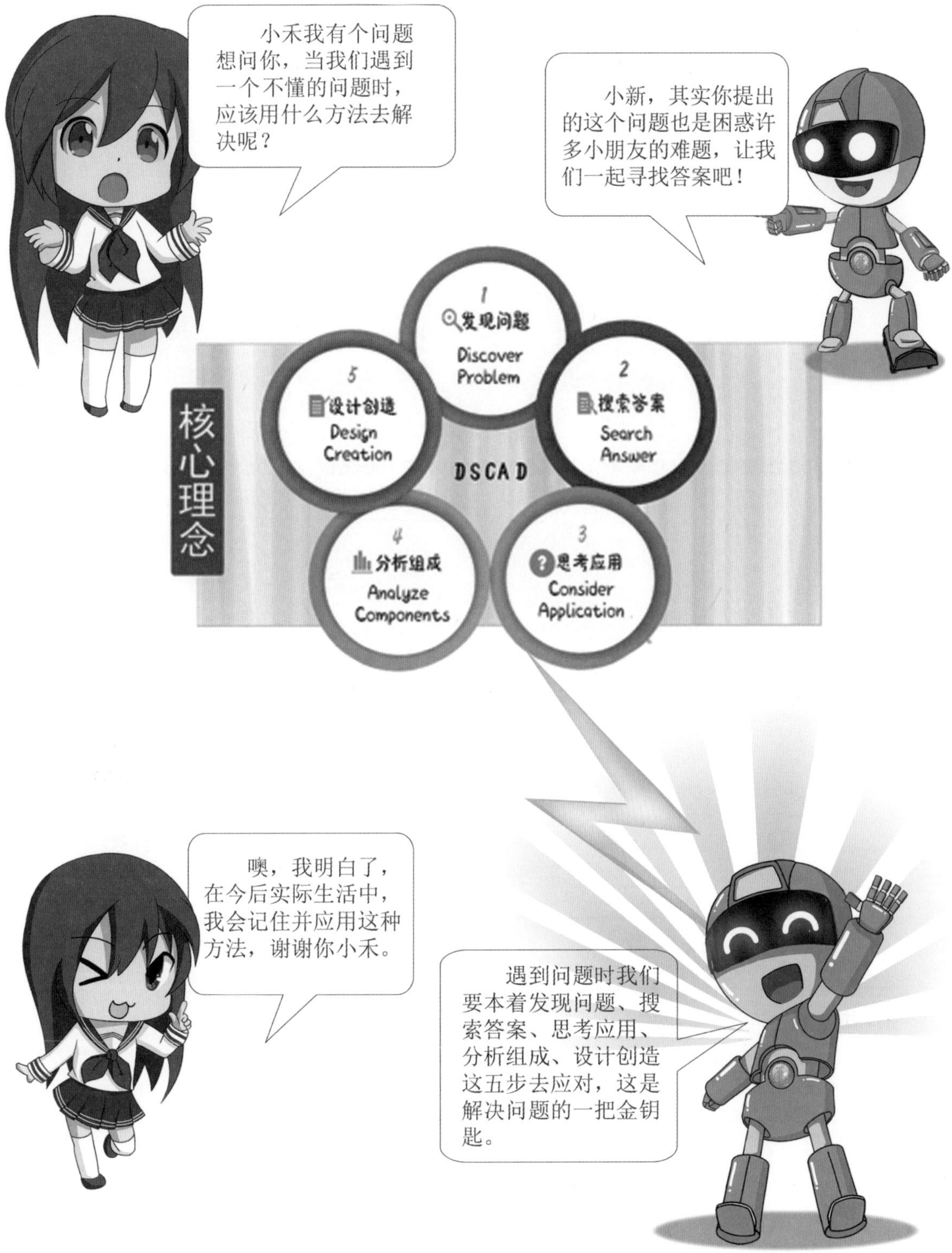

小禾我有个问题想问你，当我们遇到一个不懂的问题时，应该用什么方法去解决呢？

小新，其实你提出的这个问题也是困惑许多小朋友的难题，让我们一起寻找答案吧！

核心理念

DSCAD

1 ⚲发现问题 Discover Problem

2 🗎搜索答案 Search Answer

3 ❓思考应用 Consider Application

4 📊分析组成 Analyze Components

5 📋设计创造 Design Creation

噢，我明白了，在今后实际生活中，我会记住并应用这种方法，谢谢你小禾。

遇到问题时我们要本着发现问题、搜索答案、思考应用、分析组成、设计创造这五步去应对，这是解决问题的一把金钥匙。

拓展・Expansion
提高・Improve

同学们，请在下面的图框中，展示你们创作的作品吧!

自我评价
Self-evaluation

认识：

收获：

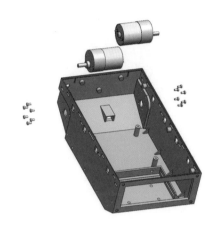

1. 电机组装

2. 右侧动力轮安装

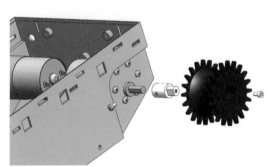

3. 左侧动力轮安装

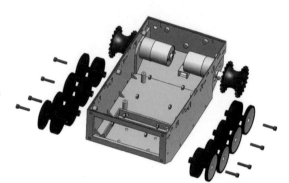

4. 承重轮安装

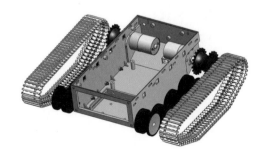

5. 履带安装

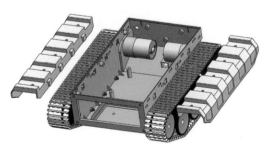

6. 挡板安装

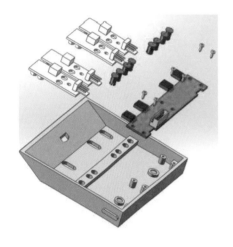

7-1. 舱门零件分布

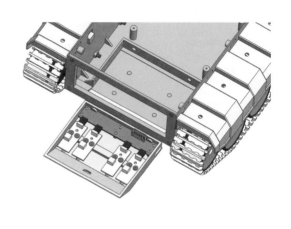

7-2. 舱门安装

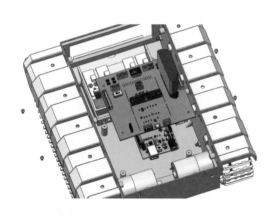

8. 主板安装

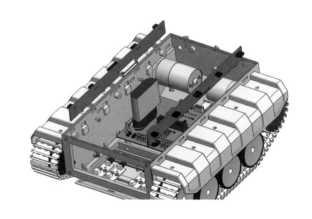

9. 侧板安装

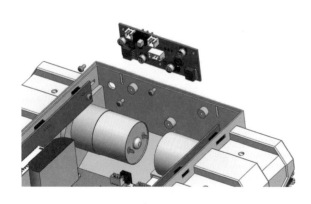

10. 供电后板安装

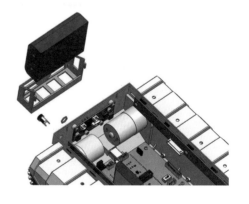

11. 电池盒安装

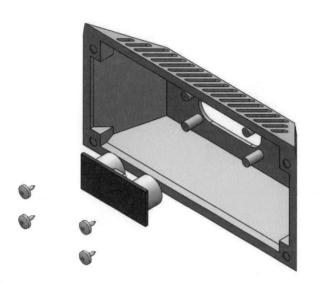

12.超声波传感器安装

13.履带车组装完成

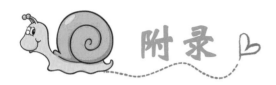

1. 底部舵机舵盘安装

2. 舵盘与窄U支架安装

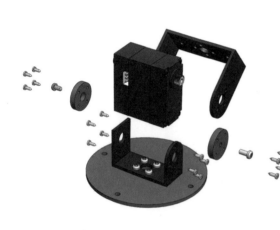

3. 2号舵机与支架装配

4. 舵盘轴承安装

5. 支架连接轴安装

6. 机械臂部分安装

7. 机械爪安装

8. 机械臂整合

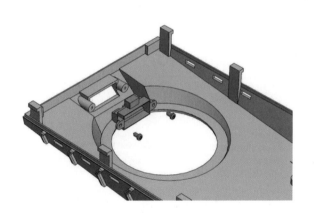

9. 红外测距传感器安装

10. 用托架固定机械臂

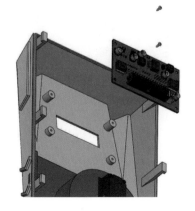

11. 扩展板安装（无此配件，可跳过此步骤）

3 机械臂履带车
完成图